혜나네 집에
100만 명이
다녀간 까닭은?

저자인 **헤나**는 시각디자인을 전공한
입사 12년차의 직장맘.

7년 간 열애 중이던 학과선배와 98년 결혼,
2001년과 2004년에 아들과 딸을 출산.

2001년, 드림위즈에서 30MB의 공간에 인테리어 정보와
아이 사진을 올리는 홈페이지를 운영하기 시작.

2002년, **헤나하우스닷컴**이라는 독립도메인 등록,
늘어난 웹 공간에 직접 꾸민 집사진을 올리면서
주부들 사이에서 유명한 인테리어 커뮤니티 사이트로
널리 알려지게 됨.

2006년, 집꾸미는 취미생활을 공유하던 남편이
오랜 직장생활을 접고 '**빠·빠·메종**' 이라는 공방을 오픈,
본격적인 목공 작업에 몰두하기 시작.

다수의 인테리어 잡지 및 월간지에 집이 소개되었고,
까사(casa.co.kr)퀸과
EBS 살림의 여왕에 등극된 바 있음.
여성 커뮤니티 사이트 미즈(miz.co.kr)에
DIY인테리어 컨텐츠 제공.

헤나, 집 꾸미기 8년 노하우 드디어 공개!

헤나네 집에 100만 명이 다녀간 까닭은?

글 · 사진 김혜나

상상공방 동양문고

Prologue

집을 꾸미는 일은 제게는 너무나 행복한 일상입니다.

직장에서 업무를 함께 하는 동료들은 어느 짬에 집단장까지 하냐며 신기해 하더군요.

물론 하루하루가 어찌 지나가는지 모를 정도로 바쁜 나날이기는 하죠.

3살, 6살짜리 두 아이를 챙겨가며 간단한 집안일을 하기에도 턱없이 모자라는 시간이지만

저는 또 짬을 냅니다.
사랑하는 우리 가족만큼이나, 이 집도 제게는 한없이 사랑스러운 공간이기에
집안 곳곳을 매만지는 시간이 더할 나위 없이 행복하기 때문입니다.

주말에 새로 만들 커튼의 이미지를 떠올리면 괜스레 미소부터 지어집니다.

남편과 함께 커피를 마시면서도 집안 곳곳을 둘러보며 대화하는 게 습관이 되었죠.

우리 부부는 정말 찰떡궁합인가 봅니다.
각각 개성 강하고 고집 센 두 사람이었지만 집을 가꾸는 8년 동안…
서로가 너무나 닮아있음을 느꼈으니까요.

제가 좋아하는 아기자기하고 예쁜 것들에, 남편은 기능적인 면과 실용성을 덧붙여 준답니다.

서로의 취향에 대해 존중하며 부족한 부분을 채워주기도 하죠.

우리 가족은 외식을 그다지 좋아하지 않습니다.

신혼 때부터 남편이 늘상 하던 말이

"우리 집이 멋진 카페요, 고급 레스토랑인데 외식할 게 뭐 있어?"

외식비라도 아껴보자는 재치있는 핑계였겠지만,

집을 꾸미는 것만큼이나 정성들인 엄마의 식단에, 아빠가 만든 식탁에 차린

식사 시간을 우리 아이들도 참 좋아한답니다.

꽃무늬 가득한 쿠션을 쌓아서 강아지 인형의 집을 짓고 있는

감수성 예민한 아들 녀석과, 뭐든 잘 부셔대지만 가위질 할 때만큼은

너무도 진지한 딸의 모습이, 어쩌면 아빠 엄마를 꼭 닮았다는 생각이 드네요.

아빠 엄마가 정성들여 꾸미는 집안에서 우리 아이들은 정서적으로도 안정되고,
창의적이며 감성이 풍부한 아이로 자라겠지요?
그래서 다른 건 몰라도 집 꾸미는 행복한 취미만큼은 우리 아이들에게도
고스란히 물려줘야겠다는 생각을 하게 됩니다.

이 책을 펼쳐보는 분들께서 본인의 솜씨가 있고 없음을

탓하지 않으셨으면 좋겠습니다.

아름답고 살기 편한 집은 손재주나 타고난 감각이나 경제력보다는,

정성과 관심의 정도에 따라 무궁무진한 가능성을 품고 있다고 생각합니다.

저도 페인트 붓을 처음 들었던 시절이 있었고, 애써 만들어놓은 의자커버가 세탁한 후에

줄어들어서 못쓰게 됐던 적도 있었죠. 머릿속으로 상상하던 것과 실제 제작한 후의

결과물이 달라서 속상했던 적은 한두 번이 아니었구요.

DIY의 방법도 세월이 흐르면서 다양한 노하우로 쌓이게 되고, 실수도 차츰 줄어들고

솜씨도 점점 좋아지게 되더라구요.

신혼시절, 여름휴가나 주말엔 남편과 함께 페인트칠을 하며 연휴를 만끽했었고,

이제는 두 아이와 함께 또 붓을 듭니다.

우리 아이들도 정성으로 가꾸는 집에서 알록달록 예쁜 꿈을 그려나갔으면 좋겠습니다.

2006. 김혜나

눈물로 마감한 커튼 사건

커튼을 바라보고 있노라니 신혼 초의 커튼 사건이 떠오릅니다.
뭐 사건이라고까지 칭하기에는 대수롭지 않은 일이었을지 모르지만,
결혼 후 제가 가장 마음 상했던 일이 바로 이 커튼 사건이었기에 잊혀지지 않나봅니다.
결혼식을 마친 저는, 주말마다 집을 꾸미는데 열을 올리고 있었어요.
워낙 깨끗한 상태의 전셋집이라서,
뭐 하나만 붙이고 달아놔도 장식효과가 좋았던 집이었죠.
옵션으로 있던 거실 장과 그릇 장이 신혼살림을 채워놓기에는 충분한 것이라서
혼수 가구도 생략하고, 패브릭쪽에 좀더 비중을 둬야겠다고 생각했어요.

재봉틀을 구입한 지 얼마 되지 않아서
커튼까지 직접 만들겠다는 엄두는 내지 못했었구요~
방마다 다른 컬러의 커튼을 하겠노라는
막연한 생각만 가지고 동대문 원단시장으로 향했답니다.
커튼 맞춤을 위해 찾은 원단시장의 수많은 원단들을 보니…
막막하더라구요.
제가 막연하게나마 머리 속으로 그리던 디자인의 원단을 찾을 수가 없어서
커튼 집 몇 군데를 방황하다가 그냥 샘플 몇 장 보고 맞춤을 하고 나왔어요.

거실은 그린 계통, 침실은 핑크톤,
서재 방은 블루 계통의 잔잔한 패턴 원단에 각각 같은 계열의
체크원단을 하단에 매치 한…
설명으로만 들으면 그럴싸하지 않나요?
커튼이 완성될 날만 기다리며 잔뜩 기대에 부풀어있던 저는
막상 집에 배달되어온 커튼이 걸리는 순간 너무 실망스러워 울고 싶었어요.
잔패턴과 체크무늬의 톤 차이가 명확치 않은데다,
두 패턴 다 너무 잔잔하고 고상하다 못해 노인 취향의 커튼이 되어버린 거예요.
들인 돈도 아깝고 속상하던 찰나, 퇴근해 돌아온 남편에게
"커튼… 이상해?" 하고 물었는데요~ 글쎄 너무도 매정하게
"응~ 이상해" 하더군요.
저는 그날 밤 펑펑 소리내어 울었어요. 매정하고 솔직한 남편에게 서운해서라기보다는,
저의 착오가 확인되는 비참한 순간을 맞이했기 때문이죠.
제가 너무 서럽게 울었더니 남편이 무지 미안해 하더라구요.
그 이후로도 제가 만든 것들에 대해 신랄한 비판을 하는 남편이지만,
요즘은 칭찬 받는 횟수가 점점 늘어나고 있답니다.
제 실력이 늘었을까요? 아님 남편이 관대해진 걸까요?

누구나 초보시절은 있는 법

우리 손으로 만든 가구의 시초는 선반이었어요.

싱크대 리폼에 욕실공사까지 무사히 마친 지금 상황에 비하면,

그때의 선반이라는 것은 그저 MDF를
우리집 벽면 사이즈에 맞게 잘라와서
페인트칠을 했던 아주 단순한 작업이었죠.

DIY의 성공적인 출발과 뿌듯함까지 맛본 제 남편이,

이번엔 TV대를 만들어보겠노라고 선언을 하더라구요?

TV를 올려놓고 중간에 VTR을 넣을 수 있는 공간을 두었구요,

네 모서리에 큼지막한 바퀴를 달아서 모던하면서도 세련된 느낌이

꽤 좋았던 TV대였죠.

29인치 TV를 올려놓고 한두 달 생활하다 보니,
TV를 지지하고 있던 나무가 휘는 현상이 보이기 시작했답니다.
무거운 물건이 올라가면 나무가 휠 거라는
단순한 원리조차도 생각지 못했던
우리 부부의 DIY초보시절 이야기예요.

그 이후, TV대는 중간과 뒷쪽에 지지대를 연결하는 보수작업을 거친 후에야

튼튼한 가구로 거듭났답니다.

실수 투성이의 초보시절도 있었지만,
실수와 함께 깨달음도 깊어져서
이제는 전문가 못지 않은 노하우가
수북히 쌓인 거지요.

페인트에 푹~ 빠져버리다

우리 부부는 결혼 후 휴가를 거의 집에서 보냈던 걸로 기억합니다.

부모님을 뵈러 잠깐 고향에 다녀오는 시간 외에는 집단장을 하며 휴가를 만끽하곤 했었죠.

어느 해였던가…

남편과 휴가날짜를 맞추지 못해 서로 휴가가
어긋나게 잡혔을 때가 있었어요.
아이도 없었던 때라, 저는 이사온 지 얼마 안된 집의
페인트 작업을 하며 휴가를 보내기로 작정했어요.

관리사무소에서 사다리까지 빌려와서 천장 쪽 몰딩이며 신발장, 방문 등

집을 모조리 하얀색으로 칠하기 시작했답니다.

"페인트칠이 이렇게 재미있을 수가!"
저처럼 페인팅에 빠져보신 경험이 있으신 분들이라면
그 기분을 아시리라 믿어요.
온통 머릿속에는 페인트 생각만 아른거리고,
눈에 보이는 모든 물건들이 다 페인팅의 표적이 되곤 하죠.

심지어 저는 텔레비전이며 피아노까지 하얀색으로 칠하고 싶은 충동이 일었으니까요.

아무튼 '여기까지만 칠하고' 라는 목표가 점점 밀려가서 '조금만 더'

에서 '딱 여기까지만 더 칠하고' 가 되다보니 밥을 제때 챙겨먹는 건

고사하고, 화장실 가는 것도 미루게 되더라구요.

딴 건 다 참아도 배고픈 건 못 참는다는 저를 굶게 한 페인트 칠…

아마 세상에서 가장 재미있는

놀잇거리가 아닌가 싶어요.

contents

04 프롤로그

08 새내기 초보시절 DIY Episode

01 눈물로 마감한 커튼 사건

02 누구나 초보시절은 있는 법

03 페인트에 풍~ 빠져버리다

16 DIY의 훌륭한 도구 우리집 공구들 모두모두 모여라!

18 우리집 공구함 속 페인팅 도구들 모두모두 모여라!

Part 01 living room

24 전원의 운치가 느껴지는 패널벽

26 헤나's made Files   미송합판 4.8㎜로 벽 바꾸기

액자는 이렇게 만들었어요

28 TV대신 책상이 주인공이 되는 거실

30 헤나's made Files   책상은 이렇게 만들었어요

액자로의 변신! 인터폰 박스 & 5천 원짜리 선반 만들기

청바지 패션으로 다시 태어난 의자

34 거실의 추억 · 우리집 거실 이런 모습들을 거쳐왔어요

36 아파트 거실에 전원을 들여놓다

38 헤나's made Files   새시창에 가벽 세워 예쁜창 만들기

40 페인트칠에서부터 시작된 거실 리모델링

42 거실편 · 이런 점이 궁금해요?

50 우리집 액자들 모두모두 모여라!

54 생각을 달리하면 ❶ 거실을 서재처럼

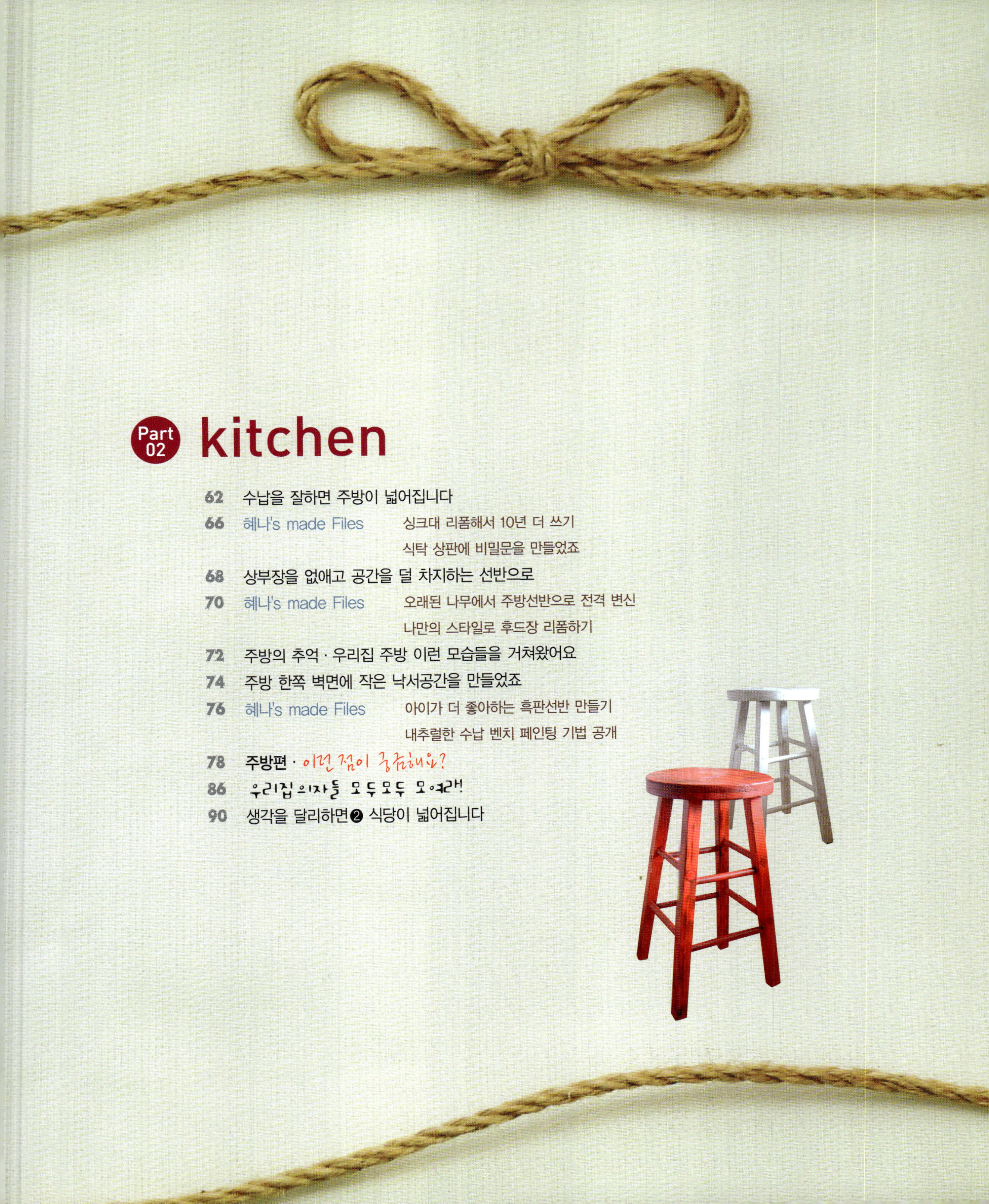

<h1>Part 02 kitchen</h1>

62 수납을 잘하면 주방이 넓어집니다

66 혜나's made Files　　싱크대 리폼해서 10년 더 쓰기
　　　　　　　　　　　　　식탁 상판에 비밀문을 만들었죠

68 상부장을 없애고 공간을 덜 차지하는 선반으로

70 혜나's made Files　　오래된 나무에서 주방선반으로 전격 변신
　　　　　　　　　　　　　나만의 스타일로 후드장 리폼하기

72 주방의 추억 · 우리집 주방 이런 모습들을 거쳐왔어요

74 주방 한쪽 벽면에 작은 낙서공간을 만들었죠

76 혜나's made Files　　아이가 더 좋아하는 흑판선반 만들기
　　　　　　　　　　　　　내추럴한 수납 벤치 페인팅 기법 공개

78 주방편 · 이런 점이 궁금해요?

86 우리집 의자들 모두모두 모여라!

90 생각을 달리하면 ❷ 식당이 넓어집니다

Part 03 bathroom

94 셀프의 한계에 도전하다! 욕실공사 직접하기

97 카페 같은 욕실을 바라보며

98 혜나's made Files   소박한 프로방스 욕실로 변신하다

시장조사에 착수하다/철거작업에 들어가다/본격적인 벽면작업/

집기들 설치합니다

104 욕실편 · 이건 점이 궁금해요?

108 우리집 선반들 모두모두 모여라!

Part 04 bedroom

112 창만 바꿔도 침실의 느낌이 확~달라집니다!

114 혜나's made Files   시트지와 덧문으로 색다른 창문 연출하기

시트지 작업에 재미붙여 벽지 위에도 도전

118 벽만 바꿔서 분위기 전환에 성공했어요!

119 혜나's made Files   컨셉트 부분 처리도 깔끔하게~

하단처리는 어떻게 하죠?

벽지와 시트지 중에서 망설이신다면…

120 우리집 가방들 모두모두 모여라!

Part 05 children's room

126 작지만 화사한 아이방 꾸미기

128 혜나's made Files　　　　화사한 벽면 페인팅 / 아이방에 어울리는 책장으로 리폼하기

서랍을 리폼해 만든 선반 / 폼보드지와 시트지로 띠벽지 효과내기

마음까지 환해지는 엄마표 패브릭들 / 남자아이들이 열광하는 빠방이 베개 만들기

136 저한테도 노란색 예쁜 침대가 생겼어요~

138 혜나's made Files　　　　유아용 침대에서 싱글침대로의 변신

140 페인트편 · 이런 점이 궁금해요?

Part 06 veranda

154 베란다 난간에 프로방스 울타리 만들기

156 혜나's made Files　　　　삭막한 베란다 난간에 전원풍경 꾸미기, 나무 울타리

베란다에 수납을 알차게!

158 쓸모에 따라 변신하기 쉬운 공간, 베란다

160 혜나's made Files　　　　베란다의 비밀화원, 작은 화단 만들기

카페같은 분위기 연출, 장식용 차양 만들기

162 나름대로 개성있는 우리집 화분들

Part 07 front door

166 자연미에 실용성을 함께 살린 현관

168 혜나's made Files　　　　철문에서 나무문으로, 현관문 리폼하기

맨발로 딛어도 포근한 현관발판 만들기

172 인테리어 관련 유용한 사이트 총망라

전동 드라이버

남편과 공구 파는 곳에 구경갔다가 거의 충동구매하다시피 샀던 물건이지만 사용해보니 정말 편리한 공구예요. 손으로 돌리는 수동 드라이버와의 수고로움도 덜어주고, 훨씬 더 단단하게 나사를 조여주는 건 두말 할 필요없겠죠?

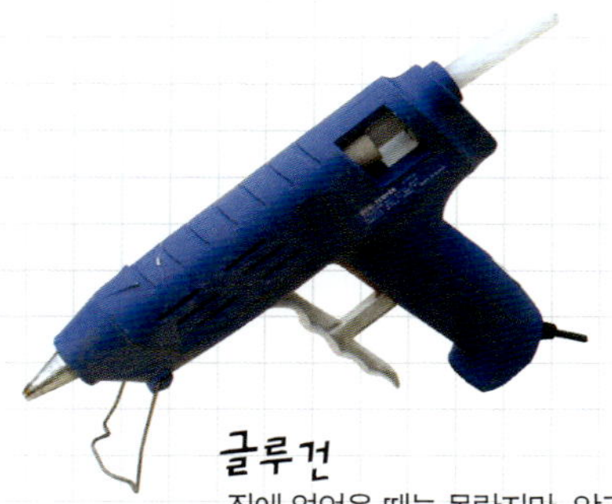

글루건

집에 없었을 때는 몰랐지만, 알고보면 정말 없어서는 안되는 유용한 도구죠? 수공예시에 부속들 붙이는 용도로, 또는 그리 무겁지 않은 물건들 벽에 고정할 때나 간단한 보수작업 때 만능의 글루건!

원형톱

직선을 자를 때 사용하는 전기톱이예요. 목수 아저씨들은 나무테이블에 거꾸로 매달아서 사용하기도 하죠? 아주 위험한 기계니까 조심해야 해요.

목공본드

나무끼리 서로 연결할 때, 또는 나무를 벽에 붙일 때 사용하는 본드에요. 나사로 조여서 고정하는 작업 전에도 접착면에 발라서 고정해 주면 접착력이 배가 되죠. 그거 아세요? 튼튼한 나사보다 한 방물의 본드가 더 강력하다는 사실!

DIY의

우리집 공구들

전동 드릴

신혼 초에 구입해서 우리 부부의 DIY 역사와 함께했던 드릴이에요~ 물론 지금도 충전식 드릴과 번갈아가며 사용하고 있구요.

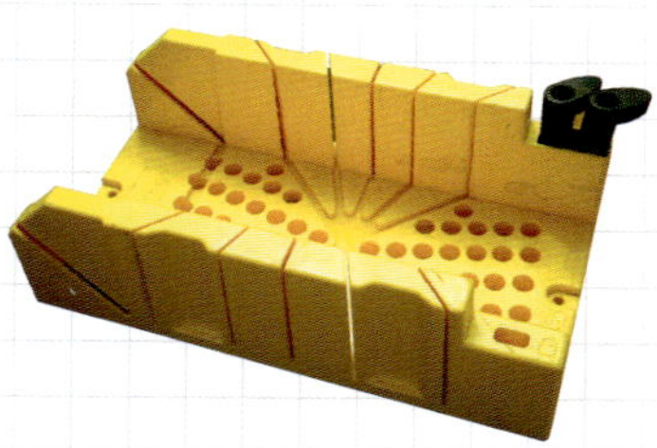

수동 각도 조절틀

정식 명칭이 어떻게 되는지는 잘 모르겠는데요, 저기에 가늘게 패인 홈 사이로 톱날을 넣어서 몰딩이나 작은 나무토막을 비스듬하게 자를 수 있어요. 액자틀을 만들 때, 45도 절단시 편리하답니다. 제 홈피에 방문하는 분이 사용하던 거라며 부담없이 쓰라고 선물해 주신 거예요.

전기 샌더기

사포질을 손으로 일일이 하기 힘들어서 구입한 전기 샌더기예요. 사진에서 보이는 것처럼 아랫쪽에 사포를 붙이고 전원을 연결해서 문질러주면 전체적으로 고루 뽀샤시하게 문질러지지요. 손으로 사포질하면서 손바닥이랑 팔목이 무지 아팠던 경험 있으신 분들, 눈이 번쩍~하시죠?

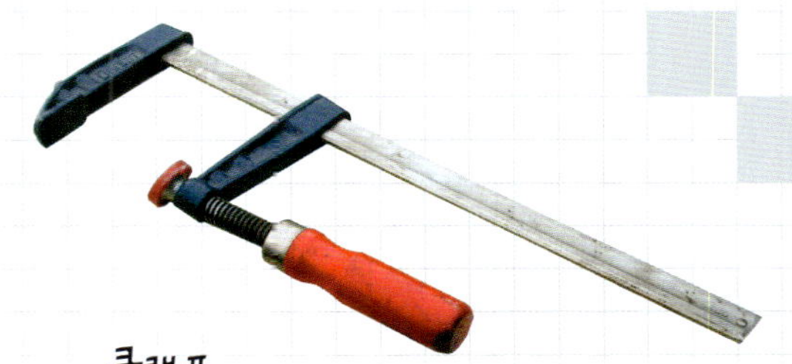

클램프

우리집 현관문에 합판 붙이는 과정에서도 소개해 드렸지만, 장시간 동안 손으로 붙들고 있기 어려울 때, 저의 손을 대신하는 역할을 해줘요. 나무끼리 본드를 붙여놓은 상태로 나사를 죄어 고정해주면 아주 단단하게 잘 눌러 붙는답니다.

충전식 전동드릴

유선의 전동드릴이 있었지만, 목공작업을 많이 하다보니 둘편함이 느껴졌어요. 걸리적거리는 전선도 그렇고, 콘센트와 좀 멀리 떨어져 있는 곳에서의 작업 때는 일일이 전선을 연결해야 하는 번거로움도 있구요. 모든 공구가 그렇듯이 없어도 작업은 가능하지만, 있으면 더 편리함을 느낄 수 있는 공구랍니다.

훌륭한 도구
모두모두 모여라!

줄자

아주 기본적인 도구지만, 없어서는 안되는 거라서 담아봤어요. 뭘 만들어도 치수가 정확해야 하잖아요.

직소

직선 및 곡선을 자를 때 사용하는 톱 이예요. 톱날이 가늘고 길어서 자유자재로 조정이 가능하다는 특징이 있죠. 다양한 모양의 나무조각을 조각할 때 사용한답니다.

공구 구입사이트들

공구사랑 www.mok09.co.kr
공구OK쇼핑몰 www.oktools.co.kr
공구프라자 www.k-tools.co.kr

아크릴 물감

작은 사이즈나 또는 특이한 색을 만들어 리폼할
때, 저는 페인트보다는 아크릴 물감을 애용하는
편이죠. 제 마음에 들 때까지 다양하게 색을 만
들어볼 수 있다는 장점이 있어요.

밀크페인트

우유로 만들었다고 해서 밀크페인트구요, 그래
서 친환경 페인트라 할 수 있죠. 우유의 뽀얀 느
낌이 느껴지면서 글레이즈와 함께 사용하면 자
연스러운 빈티지 느낌이나 엔틱한 효과까지도
얻을 수 있는 매력적인 페인트죠. 최근들어 DIY
매니아들에게 주목받고 있는 페인트랍니다.

비닐달린 마스킹테이프

알고보면 편리한 도구들이 참 많은 것 같아요
~ 마스킹 테이프에 신문지 붙여서 사용하던
시절도 있었는데, 이제는 아
예 비닐이 붙어서 나오죠. 페
인트가 묻으면 안되는 부분
을 가려주는 역할을 합니다.

홈스타 파스텔 OK

만능 수성페인트로 DIY 매니아들이게
는 널리 알려진 페인트죠? 목재나 철
재나 필름지 위에도 다용도로 사용할
수 있는 만능 페인트에요. 냄새도 거의
없고 사용하기 간편한 수성페인트인데
다 마감재가 따로 필요없는 코팅력 때
문에 인기가 있을 수밖에 없어요.

수성스테인
오일(유성)스테인

원목의 나무결을 살려서 칠을 할 때
사용하는 페인트예요. 수성과 유성이
있구요, 대부분 원액 그대로 사용하지
만 연하게 칠을 하고 싶을 때는 수성
은 물로, 유성은 시너로 농도를 조절
하죠. 오일스테인은 가격이 훨씬 저렴
하지만 냄새가 좀 오래간답니다.

친환경 수성페인트

아이 침대를 리폼하면서 사용한
페인트에요. 가격은 좀 비싸지만,
아이가 사용할 가구라서 독성이
거의 없는 걸로 골랐어요.

젯소

페인트 칠할 때 밑작업으로 너무나 유용한 젯소! 이제 DIY 작업시 없어서는 안 되는 도구가 되어버렸답니다. 일일이 사포질해야 하는 번거로움도 어느 정도는 줄여줄 수 있구요, 본작업시 페인트가 잘 달라붙도록 도와주는 역할을 하죠.

수성페인트 리무버

벼르고 벼르다가 최근에 구입한 페인트 리무버예요. 유성페인트는 시너로 닦아내면 되지만, 수성페인트는 한번 굳어버리면 리무버 없이는 지우기가 힘들더라구요. 페인트 칠하면서 바닥에 몇 방울 떨어뜨린 페인트도 말끔하게 없앴구요, 스티커 자국이나 코팅제 등을 벗겨낼 때도 좋아요.

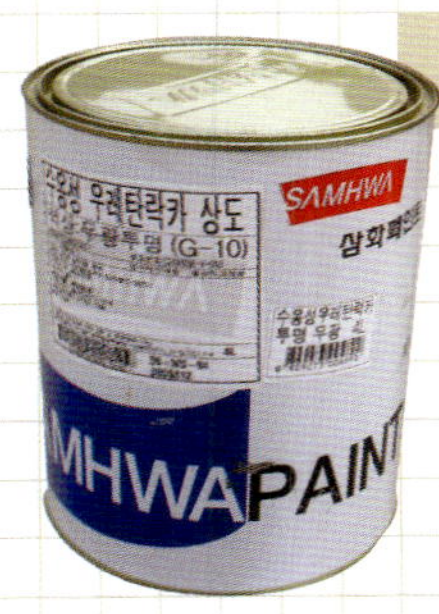

수성 우레탄 투명 락카

싱크대 마감 코팅제로 사용한 수성 우레탄 투명 락카예요. 싱크대 리폼하면서 처음으로 사용해본 건데요, 수성이라서 냄새가 거의 없고 우레탄 계열이라서 표면을 단단하게 코팅을 해주는 건 물론이구요, 락카라서 아주 금방 마른다는 점이 참 매력적이죠. 싱크대 리폼 이후로 바니시나 니스 대신 종종 이용한답니다.

롤러

넓은면 페인트에는 붓보다 롤러가 더 편할 때가 많죠. 힘은 좀 들어가지만, 붓자국없이 깔끔하게 칠해진답니다.

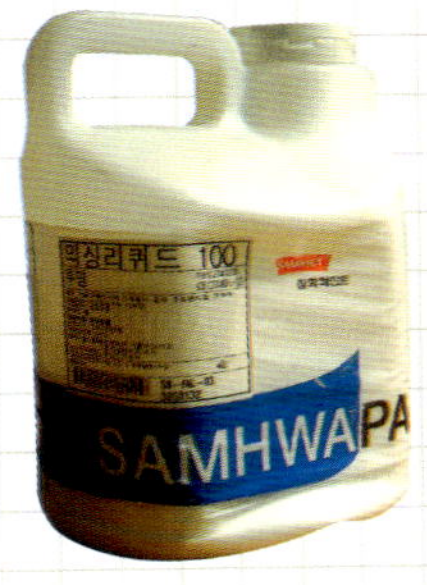

믹싱리퀴드

결로현상 예방을 위해 이 믹싱 리퀴드로 칠해주면 곰팡이가 올라오지 못하도록 막아주는 코팅막 역할을 한대요. 투명한 상태구요, 본작업 전에 전체적으로 발라준 다음에. 드라이텍스를 칠했어요.

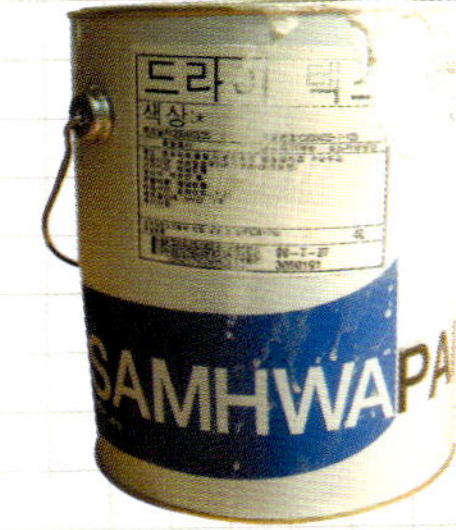

드라이텍스

방수제 역할을 하는 페인트랍니다. 우리집 뒷베란다, 앞바란다에 결로현상 때문에 곰팡이가 심하게 생겼었는데요, 이걸 이용해서 다시 칠을 했어요. 작업한 지 3년이 넘어가는데, 아직까지 무사한 걸 보면, 효과가 있는 것 같아요.

바니니

저는 마감재로 저광이나 무광 바니시를 사용합니다. 번들거리는 유광보다는 고급스러운 느낌이 들거든요. 페인트질 표면을 보호하고, 오염을 방지해주는 역할을 하죠.

나들이 장소 | Botte flower

living room

결혼 전, 제가 방 한 칸을 빌려서 생활하던 아파트는
아주머니와 초등학생인 남매가 함께 살던 모자가정이었어요.
거실을 가득 채우고 있는 책상 위에서 늘 서예연습을 하시던 아주머니와
그 옆에 나란히 앉아서 숙제를 하고 책을 읽던 남매의 모습을 보며
부모가 만들어주는 집안 분위기가 자녀들에게 얼마나
큰 영향을 미치는가를 절실히 느끼게 됐답니다.
그 집 거실엔 TV가 없었고, 클래식 채널로 고정된 라디오에서
흘러나오는 잔잔한 음악만 있었을 뿐이었지요.
지금 우리집 거실의 모습은 그 자취집의 거실 풍경을 많이 닮았습니다.

SELF-INTERIOR DESIGN
EASY FOR ANYONE

LIVING ROOM

A WOMAN WHO REPAIRS HER HOUSE
A MAN WHO DECORATIONS HOUSE

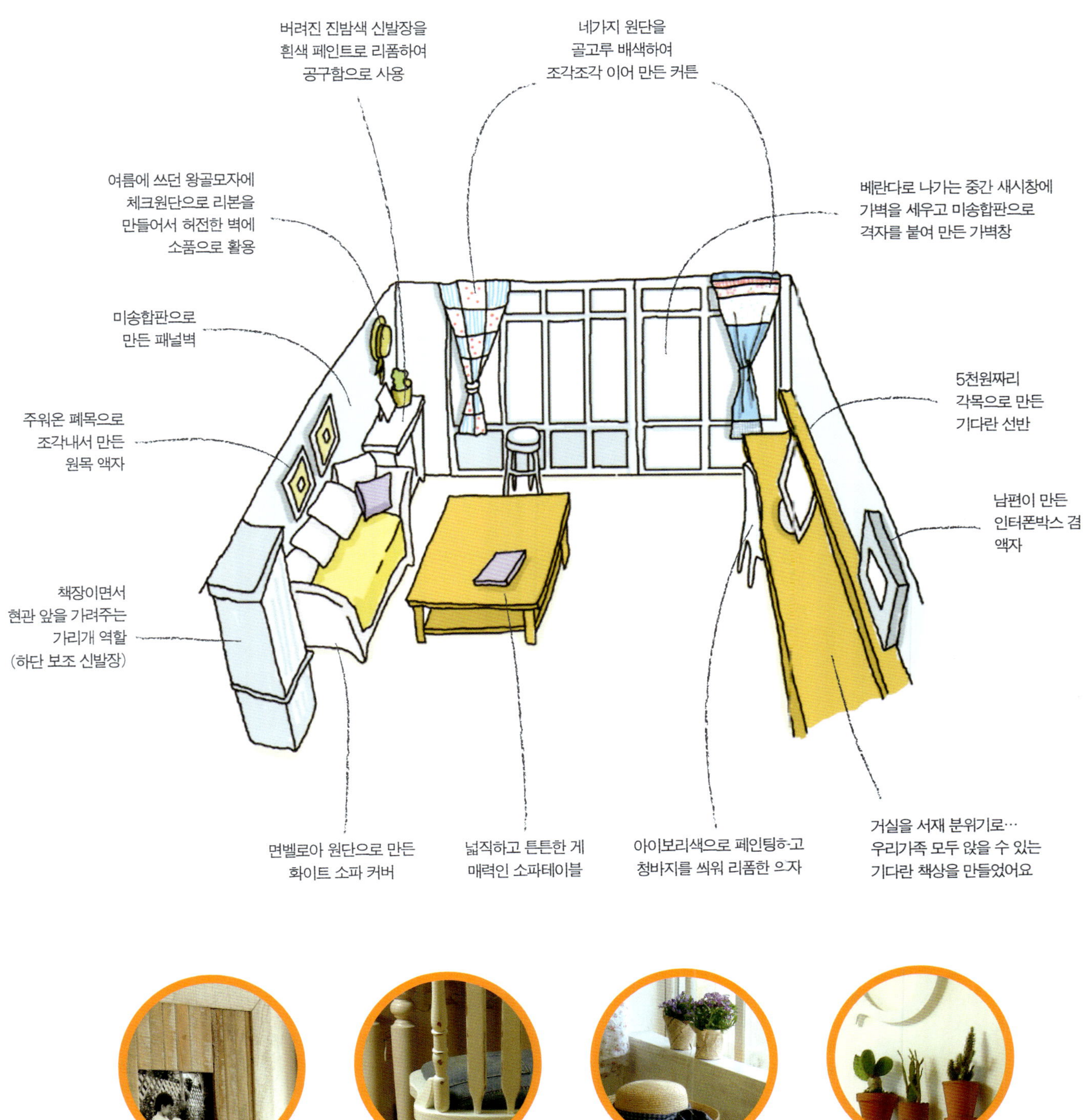

버려진 진밤색 신발장을
흰색 페인트로 리폼하여
공구함으로 사용
네가지 원단을
골고루 배색하여
조각조각 이어 만든 커튼
여름에 쓰던 왕골모자에
체크원단으로 리본을
만들어서 허전한 벽에
소품으로 활용
베란다로 나가는 중간 새시창에
가벽을 세우고 미송합판으로
격자를 붙여 만든 가벽창
미송합판으로
만든 패널벽
5천원짜리
각목으로 만든
기다란 선반
주워온 폐목으로
조각내서 만든
원목 액자
남편이 만든
인터폰박스 겸
액자
책장이면서
현관 앞을 가려주는
가리개 역할
(하단 보조 신발장)
면벨로아 원단으로 만든
화이트 소파 커버
넓직하고 튼튼한 게
매력인 소파테이블
아이보리색으로 페인팅하고
청바지를 씌워 리폼한 으자
거실을 서재 분위기로…
우리가족 모두 앉을 수 있는
기다란 책상을 만들었어요

전원의 운치가 느껴지는 패널벽

꼭 언젠가는 시도해보리라 마음먹었던 패널 벽면이었지만, 구체적인 스타일을 정하는 게 쉽지는 않았어요.

여러가지 자료사진을 보더라도 패널 사이의 간격이 좁으면 좁은대로, 또 넓으면 넓은대로 각각 나름대로

느낌은 괜찮았는데요~ 좀더 독특한 스타일이 없을까 고민하다가, 패널사이의 간격을

세 가지로 나눠보기로 했어요. 폭이 좁은 것, 약간 넓은 것, 조금 더 넓은 것…

이렇게 세 단계로 폭에 변화를 주고, 이 세 단계를 반복적으로 붙여나갔죠.

사진상으로는 선명하게 도
드라져 보이지는 않지만,
햇빛이 좋은날엔 패널벽면
사이의 골도 더 강하게 드
러난답니다. 왕골모자가
걸려있던 자리에 복고풍의
벽등을 연결해도 주변 분
위기와 잘 어우러지네요.
나무 벽면에 어울리는 나
무액자도 만들어서 걸어봤
답니다. 길에 버려져 있던
조각 폐목들이 저렇게나
훌륭한 소품이 되어줄지
누가 알았겠어요?

아파트의 획일적인 구조까지는 바꿀 수 없더라도, 내부 분위기라도 편안한 느낌의 목가 주택처럼 꾸미고 싶었답니다.
벽지가 아닌 원목패널로 소파 뒤 벽면을 마감하구요, 그 벽면에 어울리는 큼지막한 원목 액자를 만들어 걸었죠.
여름에 쓰고 다니던 왕골모자도 장식장 위에 걸어두었더니 주변분위기랑 제법 잘 어울려주네요~^^
"저렇게 시공하려면 비용이 많이 들지 않을까?"라는 생각을 하실지도 모르지만,
비교적 저렴한 종이벽지 한 롤 가격보다 저 벽면에 붙인 원목 합판의 원판 한장이 더 저렴하다는 사실!
4.8mm짜리 미송합판이 3장 반 소요됐는데, 한 장에 8천 원에 구입했으니까 총 3만 원 정도의 비용이 든 셈이네요.
위에 칠한 수성페인트 약간하구요. 적은 비용으로 분위기를 바꾸려고 할 때, 한번 시도해 보시는 건 어떨까요?

미송합판 4.8mm로 벽 바꾸기

합판을 전문적으로 취급하는 목재소에서 4.8mm짜리 미송합판을 구입했구요~ 패널폭은 원하시는 사이즈로 잘라 오시면 바로 작업하실 수 있답니다(저는 고양시에 있는 '남해목재'에서 구입했어요).

미송합판 4.8mm(원판 한장사이즈 242×122), 타카, 목공본드, 내부용 수성페인트(초벌칠), 삼화파스텔 OK백색(마무리 칠)

01 합판은 작업 전에 초벌칠을 한번 해줬구요. 원하는 패널폭대로 잘라서 한장씩 일정한 간격으로 붙이세요. 목공 본드를 발라서 고정한 다음, 타카로 박아주면 된답니다.

02 스위치 커버가 있는 자리도 깔끔하게 잘라서 작업해주세요.

03 합판이 얇기 때문에 일반 커터칼로도 깔끔하게 잘라낼 수 있답니다.

04 좀 귀찮더라도 이렇게 작은 부분까지 꼼꼼하게 작업하는 습관을 들여두시는 게 좋답니다.

05 합판을 다 붙이고 다시 한 두 번 페인트칠을 더해서 마무리했답니다. 내부용 수성페인트를 사용했구요. 페인트를 묽게해서 칠하면, 나무질감이 우러나는 자연스런 느낌을 낼 수도 있어요.

우리집 패널 나무 나짐을 보면서 '어? 이상하다?'라고 생각하시는 예리하신 분… 분명 있으리라 생각돼요. 합판을 하나씩 조각내어 잘라 붙이는 방법도 있지만, 제가 작업한 방식대로 합판에 톱자국을 내서 골을 만들어 주는 방법도 있다는 사실! 어차피 나무나 합판을 목재소에서 잘라오시는 거라면, 원하시는 패널간격을 말씀하시고 톱자국을 내달라고 하세요. 흔히 사용하는 톱날 두께가 3mm니까 톱이 한번 지나가면 3mm정도의 홈이 생기구요, 더 넓은 홈을 원하시면 톱이 두번 지나가도록 홈을 내면 6mm가 되는 거죠.

액자는 이렇게 만들었어요~

길거리를 지나 다니면서도 '뭐 쓸만한 거 없나'
라고 두리번거리는 저에게 딱~걸린 나무토막들!
비바람을 맞아 자연스럽게 탈색되고 얼룩진
나무질감을 살려서 액자를 만들어 봤어요.

01 나무를 45도로 절단을 해서
액자형태를 만들구요~

02 잘라놓은 프레임에 톱으로 홈을
파줬어요.

05 액자의 안쪽은 물을 섞지 않고 흰색 수성페
인트를 붓에 조금 묻혀서 거칠게 흔적만 주
듯이 칠해줬구요, 프레임쪽은 물을 많이 섞
어서 칠했어요.

03 주워온 나무토막을 조각조각 잘라서
모서리 부분은 사포질도 해줬어요.

04 프레임 홈에 한 조각씩 끼워가며
목공본드로 고정했어요.

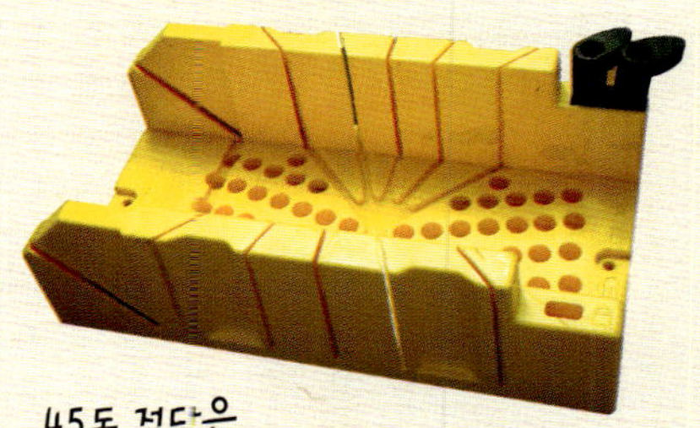

45도 절단은
수동각도 조절틀을 이용해서 잘랐어요.

TV대신 책상이 주인공이 되는 거실

방이 2~3개인 소형 평수의 아파트에서 서재를 따로 갖기란 쉽지 않죠. 우리집에 맞게 공간을 활용하여

서재 역할을 하는 곳을 만들어주면, 그곳이 바로 서재가 되는 거라고 생각했어요.

거실 한쪽 벽면을 아예 책상으로 채워넣기로 마음먹고, 남편과 함께 책상만들기 프로젝트에 돌입했답니다.

우리손으로 직접 만든 제대로 된 가구의 시초가 되는 거죠.

원하는 디자인을 스케치하고, 치수를 정해서 나무를 재단하고 조립하는 과정을 거치면서

책상이 완성되어 갈수록 흥분을 감추지 못하겠더라구요.

아~ 바로 DIY의 매력이 이런 게 아닐까요?

SH가 뭘까요? ^^
우리집에 오시는 분들이라면 어김없이 물어보는 SH의 비밀은,
저와 제 남편의 이름 첫 이니셜이랍니다~
폼보드지를 잘라서 양면 테이프로 붙인 거구요,
조각 폼보드지로 뒷면에 입체감을 줘서
그림자까지 아주 자연스럽게 보이죠?
선반 위 빈공간 또한 아주 멋스럽게 채워준답니다.

노하우 하나 더! 은은한 그림자 처리의 비밀은 바로 폼보드지 조각으로 입체감을 냈기 때문이죠. 이게 은근히 매력적인 그림자를 만들어 준답니다.

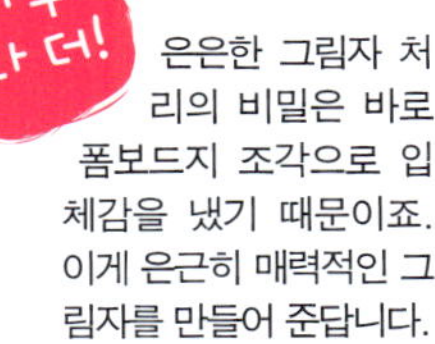

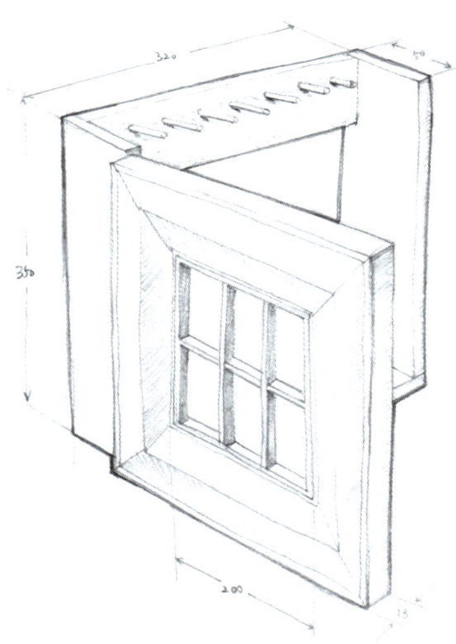

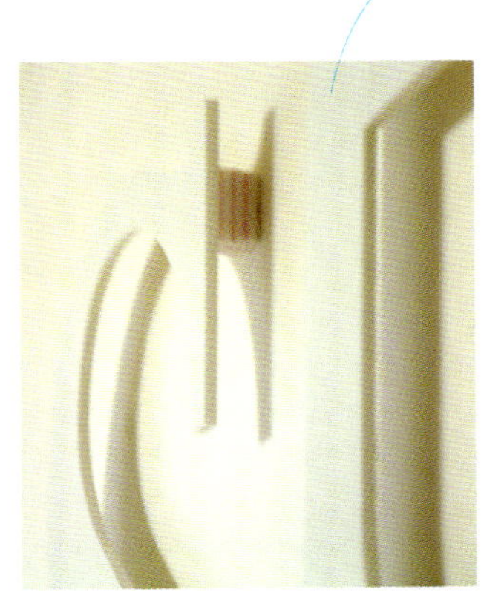

01. 5㎜짜리 폼보드지를 잘라서 만든 이니셜 장식이랍니다. 원하는 서체를 프린트해서 폼보드지 위에 살짝 테이프로 고정하구요, 칼로 깔끔하게 오려서 만들었어요. 깔끔하게 자르는 노하우를 알려달라구요? 음~ 노하우가 따로 있는 건 아니구요, 커터칼의 칼날 각도를 잘 조절해서 자르다 보면 어느 각도에서 가장 깔끔하게 잘리는 지 알 수 있답니다.

02. 책상 위에 있는 이 액자형태 박스의 비밀도 공개합니다. 문을 열면 인터폰이 보이죠? 바로 인터폰박스랍니다. 사용할 때 문을 한번 열어야 하는 수고로움이 있기는 하지만, 인터폰에도 예쁜 옷을 만들어주고 싶었답니다. ^^

책상은 이렇게 만들었어요~

01 원하는 스타일의 도면을 그리고, 치수를 정한 스케치물을 토대로…

02 목재소에서 나무를 사서 잘라오고, 다리는 공예사에서 깎아왔죠.

03 초보이었던 때라, 꺽쇠로 연결하는 방식을 택했답니다.

04 가구를 만들 때는 1mm의 오차도 용납되지 않죠. 일일이 자로 재가며 정확한 위치에 다리와 측판을 연결하는 중이에요.

05 가조립을 해서 균형은 잘 맞는지 확인을 해봐야죠. 이상이 없다면 상판을 만들어 얹으면 돼요.

06 상판은 좀더 컨트리한 느낌을 살리기 위해 나무를 하나씩 조각낸 다음, 뒷쪽에서 목공본드로 먼저 붙여준 후, 나사못으로 연결하는 방식으로 작업했죠.(왼쪽이 상면의 뒷면)

07 상판은 아크릴 물감에 물을 많이 섞어서 나무결이 잘 살아나게 칠을 하구요, 목재 전용페인트를 사용하셔도 됩니다.

08 몸통은 흰색 수성페인트를 칠한 다음, 잘 말리고나서 니스칠을 해주시면 됩니다. 상판과 몸통을 연결하면 끝~~

노하우 하나 더!

나무 구입처에 대해 궁금해 하시는 분들이 많으신데요. 저희는 을지로 건축자재 시장쪽 목재소에서 구입했답니다. '로구로'라는 단어가 간판에 써져있다면 저렇게 다리에 모양내는 작업이 가능한 곳이에요. 목재소는 동네에서도 가끔 찾아볼 수 있는 곳이지만, 공예사는 목재소들이 모여있는 곳에 있을 가능성이 크구요, 요즘은 DIY 사이트에서 다리만 따로 조각해서 판매하기도 하고, 책상이나 소가구도 반제품으로 만들어서 조립만 하면 되는 패키지 상품이 있답니다.

철천지 ● www.77g.com (철물 및 DIY용품, 목재)

액자로의 변신! 인터폰 박스 & 5천 원짜리 선반 만들기

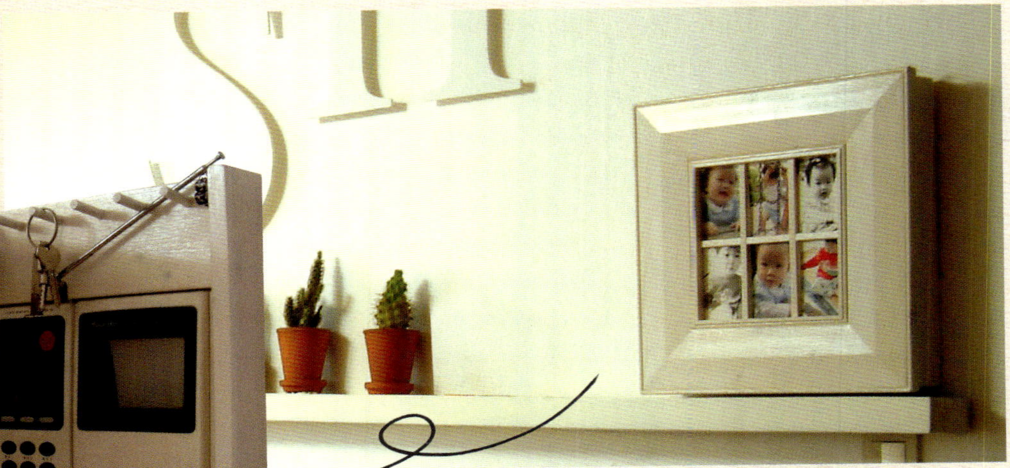

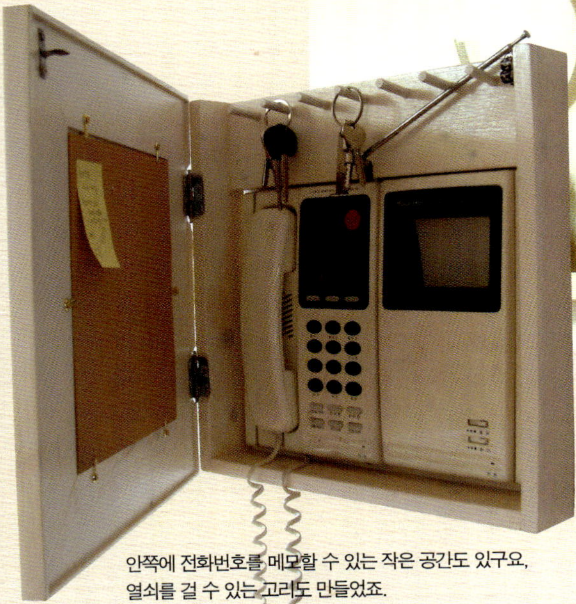

안쪽에 전화번호를 메모할 수 있는 작은 공간도 있구요,
열쇠를 걸 수 있는 고리도 만들었죠.

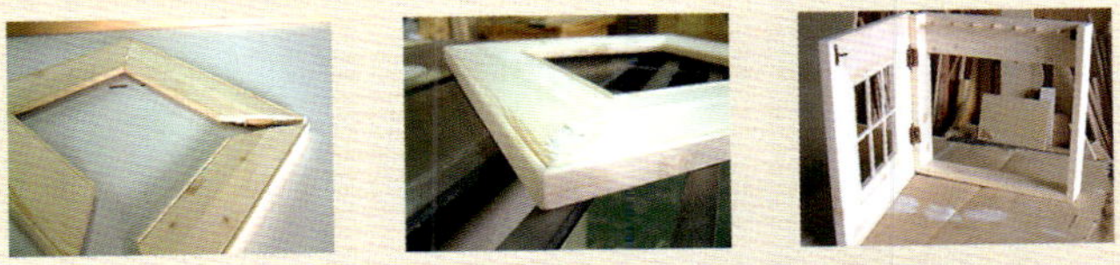

사이즈가 작다보니 나무 자체의 재료비는 적게 들었지만, 제 남편이 공을 많이 들여 만든 인터폰박스예요. 투박한 질감으로 멋을 살린 다른 작업물들과는 달리, 액자형태의 프레임을 각도를 잘 살려서 다듬고 골을 팠기 때문에, 볼륨감과 웅장함까지도 느껴진답니다.

한쪽 벽면을 가로지르는 선반… 인터폰박스 바로 아랫쪽에 보이나죠?

이 선반 또한 저희가 정을 들인지, 7년 정도 된 거죠.
선반으로 사용한 자재는 동네 목재소에서 5천 원 주고
구입한 각목이었답니다.
공사장에서 흔히 사용하는 두꺼운 각목 아시죠?
그 각목을 열심히 사포질해서 다듬고 또 다듬은 나무토막으로 만들었답니다.
선반을 고정하는 방법이 궁금하실텐데요~
철물점에 가면 꺽쇠라는 게 있답니다.
기역자 모양으로 생겨서, 직각으로 뭔가를 고정할 때
튼튼하게 버텨주는 역할을 하죠.

선반의 정체??
5천원짜리 "각목"+꺽쇠

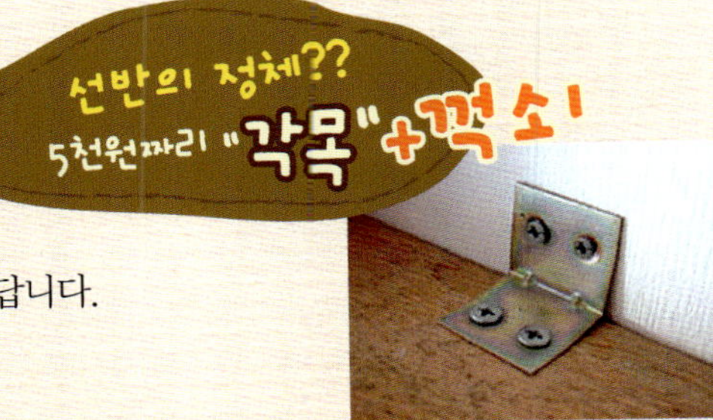

한쪽은 나무에, 또 한쪽은 벽에 나사못으로 고정했구요,
꺽쇠가 있는 보이는 자리에 소품을 놓아서 살짝 감추면 됩니다.

청바지 패션으로 다시 태어난 의자

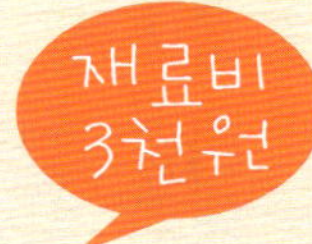

리폼을 많이 해보신 분들이라면, 제가 이 의자를 발견하고
얼마나 기뻐했을지 짐작이 가실 거예요~^^
기본틀이 너무 예쁘고 특이해서 페인팅만
달리해도 리폼의 효과가 뛰어나기 때문이죠.
청바지를 씌워서 아주 튼튼하고 독특하답니다~^^

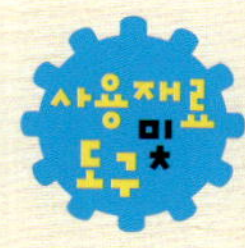
사포, 젯소, 못입는 청바지,
미색 수성 페인트

before

after

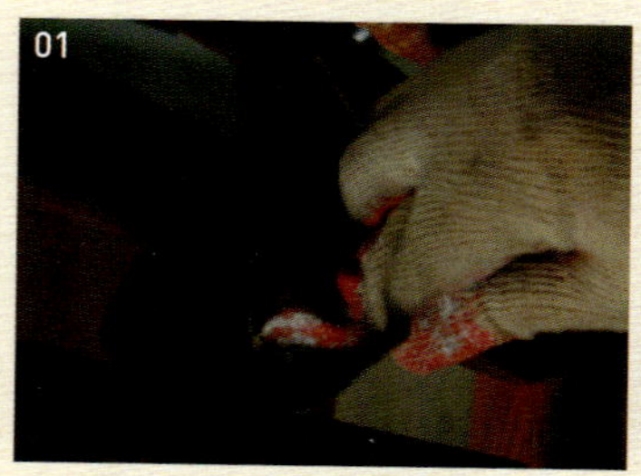
01

02

1. 의자 표면에 칠해진 페인트며 생
활의 찌든 때를 벗겨내기 위해 사포
질을 해주세요.
2. 아주 꼼꼼히 잘 해주면 좋겠지만
시간도 없고, 힘도 많이 드니까 거
칠게라도 골고루 문질러주세요.

3. 사포질이 끝났으면 젯소를 가볍게 발라주구요(1~2회 정도) 잘 말린 다음에…
4. 본격적인 페인트칠을 하세요~ 아주 얇게 바르고, 잘 말려서 또 바르고, 밑색이 우러나지 않을 정도로 칠하구요.

5. 페인트가 완전히 마르면, 사포로 모서리를 살짝 벗겨내어 자연스런 느낌을 주세요.
6. 방석 부분도 새로운 분위기로 리폼해봤어요. 못 입는 청바지를 잘라서, 다시 씌우고 못이나 타카로 고정해주면 리폼 끝~~

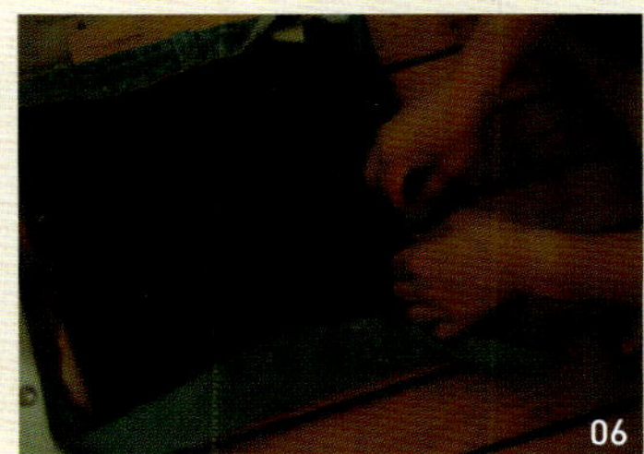

SELF-INTERIOR DESIGN
EASY FOR ANYONE

노하우 하나 더!
유행 지난 청바지나 오래 입어서 무릎이 나오고 늘어난 청바지를 이용해 의자 리폼때 활용해 보세요.
질긴 원단 덕분에 오랫동안 튼튼하게 사용할 수 있답니다. 일반적인 타이트한 청바지보다는 힙합스타일의 통이 넓은 청바지를 이용하는 게 넓은 의자방석을 씌우기에는 좋답니다.
얇은 원단의 경우는 스탬플러나 손타카로 충분히 박아지지만 청바지는 워낙 두꺼워서 몬질을 했답니다.

거실의 추억
우리집 거실…
이런 모습들을…
거쳐왔어요…

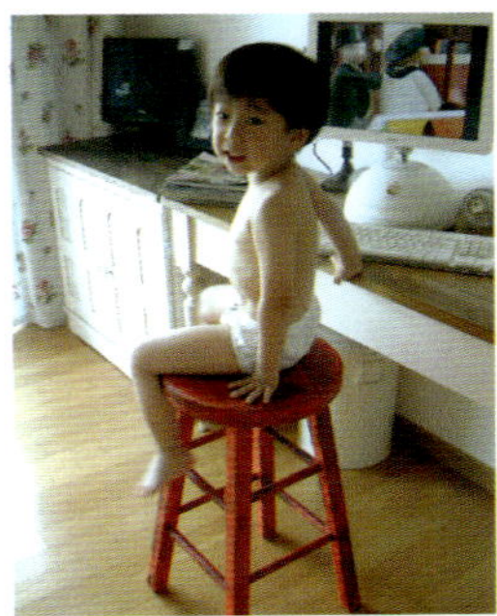

불과 얼마 지나지도 않은 것 같은데 우리 아이 앳된 모습이 새삼스러워 보이네요. 책상을 만들던 해 여름 모습입니다.

책상을 두 개 나란히 놓고, 비어있던 공간에 컴퓨터 전용 책상을 만들었어요. 갤러리문이 두조각으로 접혀지기 때문에 문을 열었을 때도 공간을 덜 차지하는 장점이 있죠.

정말 오래된 사진이네요. 이사온 직후, 소파를 구입하고 나서 뿌듯한 마음에 찍은 사진입니다. 하얀색 커버링을 만들기 전, 우리집 소파의 본모습이기도 하구요.

제가 본격적으로 집을 꾸미기 시작할 때의 소파 맞은편쪽 거실 풍경입니다. 주워온 컴퓨터 책상에 커버링을 만들어 씌우고, 수납과 벤치의 기능을 겸한 라탄 서랍장을 맞춤제작 했었죠. 처음으로 만들어 본 커튼과 쿠션들의 모습이 아련한 추억으로 떠오르네요.

꽃그림을 그려서 리폼했던 소파 테이블 모습입니다. 완성하기 전까지 오랜 시간이 걸렸었죠.

연한 파스텔톤이 감도는 사랑스러운 거실 풍경입니다. 우리집 거실에 핑크색이 어울리던 때도 있었네요^^ 핑크는 언제나 사랑스러워요.

소파 옆 리폼 공구함과 선반 풍경이예요. 우리 가족과 오랜 시간을 함께 하고 있죠. 과거에 신발장의 용도였을 듯한 진갈색 장을 페인트칠하면서 리폼의 매력을 느끼기 시작했답니다.

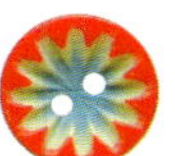

아파트 거실에 전원을 들여놓다

일부러 꾸민듯 부자연스럽지 않고, 편안하게 가족들이 머물 수 있는 공간연출을 기본으로 한 거실…

가족의 취향을 고스란히 담아냄은 물론, 내추럴한 소재로 가족의 마음까지 따뜻하게 안아줍니다.

이런 표정이 담긴 사랑스러운 공간이 내가 꿈꾸는 거실입니다.

거실 패널벽 마감에 이어, 자연친화적인 느낌을 연장할 수 있는 방법을 궁리하던 중에 베란다로
나가는 새시창에 변화를 주기로 했답니다. 우리집은 베란다를 확장하지 않은 상태라서
중간 새시창이 그대로 있었는데요, 늘 거슬리던 존재였어요. 커튼으로 어떻게든 감춰보려고
늘 전전긍긍하던 곳이었으니까요~ 알루미늄의 차가운 느낌도 싫었을 뿐더러 겨울이면 자꾸
뻐끔뻐끔 열리는 창문 때문에 바람도 솔솔~ 들어오던 곳이었습니다.
좀더 예쁜 창과 보온성까지 겸비한 가벽을 세우고, 유리문에는 원목합판으로 따뜻한 정감을 줬답니다.
우리집 거실이 아늑하고 전원적인 느낌이 드는 것에 가장 큰 역할을 한 주역이기도 합니다.

새시창에 가벽 세워 예쁜창 만들기~

재료비 3만원

01 큰 통유리창과 작은 폭의 유리창으로 구성된 새시창이었답니다. 원목합판을 잘라서 격자위치를 가늠하느라 찍어둔 사진이네요. 중간에 테이프 붙어있는 부분만 없는 상태가 본래 모습이구요~

02 위아랫쪽과 새시가 만나는 중간지점에 각목으로 기둥을 세웠답니다. 나무색이 까만 것은 주워온 문짝을 재활용했기 때문이구요, 나중에 합판으로 깔끔하게 마무리 하면 된답니다.

03 각목으로 기둥을 세우고 가벽을 세운 곳에 미송합판(4.8mm)으로 마감을 합니다.

04 유리창에도 미송합판을 붙여서 격자효과를 냈구요, 문틀보다 얇은 4.8mm 합판을 붙였기 때문에 문을 열 때도 전혀 지장이 없답니다.

05 유리창에 합판을 붙일 때는 목공용 본드를 이용해서 붙이고, 완벽한 마감을 위해 실리콘을 한번 더 쏘아줬답니다. 기존 새시틀에 있는 실리콘과 일치감도 있구요~ 문을 열 때 자주 손에 닿는 부분이라서 실리콘으로 마감하면 훨씬 튼튼하겠죠?

06 가벽 합판조각들의 틈은 핸디코트로 잘 메꾼 다음에 깨끗하게 사포질을 해줬답니다.

07 윗쪽 가벽은 옆벽의 패널과 연결된 느낌으로 조각 패널 마감을 해서 흰 칠을 해줬어요.

이렇게 하면 문을 여는데 지장이 없느냐, 라고 궁금해하시는 분들도 계시는데요~ 물론 전혀 지장이 없답니다. 일러스트와 사진으로 다시 한번 설명 드릴까요?

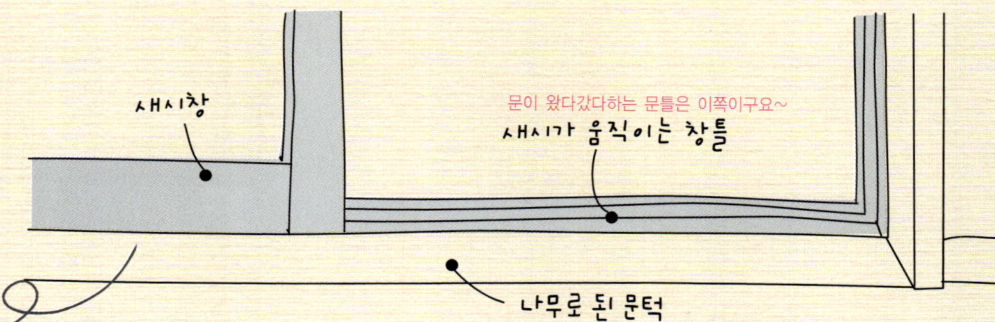

노하우 하나 더!

실리콘 마감을 깨끗하게 할 수 있는 방법!
이렇게 원하는 폭만큼 마스킹 테이프로 붙인 다음, 실리콘을 바르구요~ 잘 굳힌 다음에 마스킹 테이프를 뜯어주면, 칼로 그은 듯 깔끔하게 된답니다.

미송합판 4.8mm 1장 반(1만 2천원),
하단 및 상단 가벽 나무(주워온
문짝을 재활용), 수성페인트 백색,
무광바니시, 나사못, 전동 드릴,
타카, 실리콘, 목공본드,
테이프(임시고정 및 실리콘 마감용)

창은 가벽의 옆에서 움직이기 때문에, 가벽을 세우기 전 처럼 똑같이 사용 가능한 것이구요. 위 아래로 창문 틈에서 들어오는 외풍을 한단계 막아주는 역할도 가벽이 하는 것이죠. 저희가 만들어놓고도 너무 감탄스러워요.

하단 가벽은 이렇게 일정한 폭이 있기 때문에 화분을 조르르 올려둘 수도 있구요~ 햇살 좋은 날엔 여기 걸터 앉아서 책을 읽으면 책장이 절로 넘어갑니다.

노하우 하나 더! 옹이질감 살려서 페인팅 하기~

미송합판으로 작업하고 칠을 하기 전 상태랍니다. 희끗희끗한 부분은 타카 자국을 핸디코트로 메꾼 자리이구요~ 잘 굳은 다음에 사포질을 해서 표면을 매끄럽게 한 다음에, 페인트 칠을 하면 감쪽같답니다.

먼저 내부용 수성 페인트에 물로 농도를 잘 맞춰가며 칠을 했답니다. 그 적당한 농도라는 게 어느 정도인가에 대해 궁금해 하시는 분들도 계실텐 데요~ 나무 밑색이 어느 정도 우러나오기를 원하느냐에 따라 달라지기 때문에 콕~ 집어 말씀드리기는 힘들답니다. 원하시는 묽기 정도를 남아있는 나무 자투리 한쪽에 테스트를 해보면 실수가 없을 겁니다. 2회 정도 묽게 칠을 한 다음에 옹이 부분을 살리고 싶으면, 그 부분만 사포로 살짝 더 문지르면 됩니다. 수성 페인트는 그 자체로 코팅력이 없기 때문에 바니시로 마감칠을 한번 더 해주는 게 포인트랍니다.

수성페인트로 칠을 한 다음에 사포질을 하고나면 페인트의 분진이 나무 위에 살짝 앉아 있어서 색감 자체를 착각할 수가 있답니다. 바니시 칠을 하면서 붓에 분진이 씻겨져 나가면, 의외로 밑색이 많이 우러나와서 저도 난감할 때가 있었답니다. 마른 걸레로 표면을 한번 문질러 주고 나서 코팅제를 바르면 이런 걱정은 좀 덜할 거예요. 저는 코팅제로 무광 바니시를 사용했답니다. 무광이 유광에 비해 오염에는 약하지만, 고급스러운 느낌을 원한다면, 무광이나 저광 바니시를 사용하는 게 좋겠죠.

페인트칠에서부터 시작된 거실 리모델링

제가 집에 페인트칠을 시작한 건 6년 전이랍니다.

15년 정도 된 낡은 아파트로 이사하면서, 도배조차도 하지 못하고 이사를 들어갔었죠.

살면서 형편이 좀 괜찮아지면 도배도 하고 바닥재도 바꿔야겠다고 생각했는데…

집꾸밈에 관심이 많았던 우리 부부는 불과 며칠 지나지 않아서 팔을 걷어붙이고

직접 페인트칠을 하기에 이르렀고, 여름 휴가기간 내내 페인트칠로 시간을 보냈답니다.

그때부터 제 취미는 바로 '페인트칠'이 되어버렸답니다^^

6년 전이었다면… 필름지 위에 페인팅은 엄두도 못냈을지도 모르지만,

그동안 시도해 본 경험을 토대로 이제는 페인팅이 불가능한 곳은 없다는 자신감이 생겼답니다.

DIY용 페인트 재료도 나날이 업그레이드 되어가고 간편하면서

효과가 좋은 제품이 계속 쏟아져 나오고 있어서,

페인트칠, 이제 마음만 먹으면 누구나 직접 도전하실 수 있습니다.

열심히 페인트칠하고 있는 사람이 저랍니다.
젯소로 1~2회 정도 밑칠을 하구요,
잘 말린 다음에 본격적인 페인트칠의
횟수는 "밑색이 보이지 않을 때까지"
라고 하는 게 정확하겠네요.
가구 리폼의 경우도 마찬가지구요.
기존 밑색의 진한 정도에 따라
페인트칠 횟수는 달라지기 마련이겠죠?

본래 몰딩과 방문 칼라

제가 화이트 매니아는 아니지만, 방문과 몰딩에 칼라가 들어있는 건 싫더라구요. 그냥 백색으로 튀지 않는 게 좋아요.
방문이나 창틀이나 몰딩은 집에 있어서 그저 배경일 뿐이라고 생각해요~ 배경이 튀는 건 원치 않거든요.
그 안에 있는 가구나 소품이나 그리고 우리 가족을 주인공으로 부각시키기 위해서 화이트 컬러로 페인팅을 시도했답니다.

비닐이 붙어있는 마스킹 테이프를

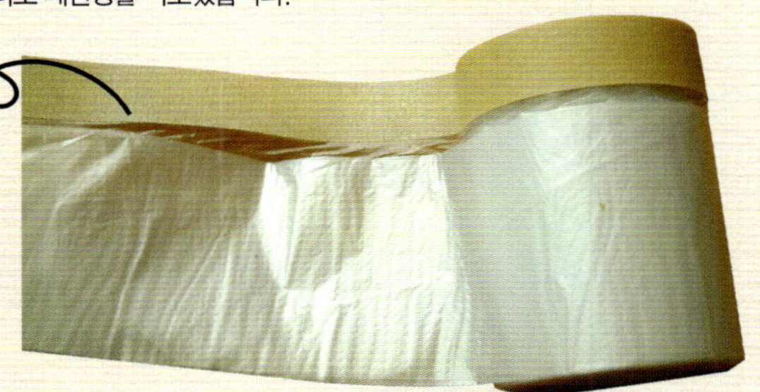

페인트가 묻으면 안되는 곳에 붙여주는 작업부터 시작하는데요~ 이것도 은근히 귀찮은 작업이긴 하지만, 이 단계에서 꼼꼼하게 붙여주지 않으면 여기저기 삐져나와있는 페인트 벗겨내느라 더 많은 고생을 한답니다. 페인트 판매점이나 화방, 대형문구점에 가면 구입하실 수 있어요.

마스킹 테이프를 붙인 다음에 젯소로 밑칠을 해줬답니다. 수성페인트처럼 물로 농도 조절이 가능하구요. 최근들어 리폼할 때 필수적인 단계로 사용된답니다. 본래 젯소는 유화를 그리는 캔버스의 밑칠이나 공예용으로 주로 사용하는 건데요~ 페인트 본작업시 페인트가 잘 달라붙도록 도와주는 역할을 하죠. 페인트가 잘 묻도록 사포질하는 귀찮은 과정도 이 젯소 덕분에 짧게 줄일 수 있어서 좋더군요. 화방, 대형문구점에 가면 구입하실 수 있구요. DIY 관련사이트나 페인트 판매사이트에서도 취급하고 있답니다.

젯소

프라이머

젯소와 같은 역할을 하는
전문 초벌제(primer)를 사용하셔도 됩니다.

삼화 홈스타 파스텔

페인트 본작업시 사용한 수성페인트랍니다. DIY 매니아들에게 인기가 많은 페인트죠.

인기가 많은 이유가 뭐냐구요?
기존 수성페인트가 가지고 있는 단점들을 보완했구요~ 어느 재료 위에나 페인팅이 가능한 전천후라는 점에서 매력적이기 때문이죠. 수성페인트라서 냄새는 거의 없으면서 유성페인트가 가지고 있는 마감코팅력이 있어서 후처리 작업은 필요없는 장점에, 사용하면서 물걸레질도 가능하답니다.

이런 점이 궁금해요

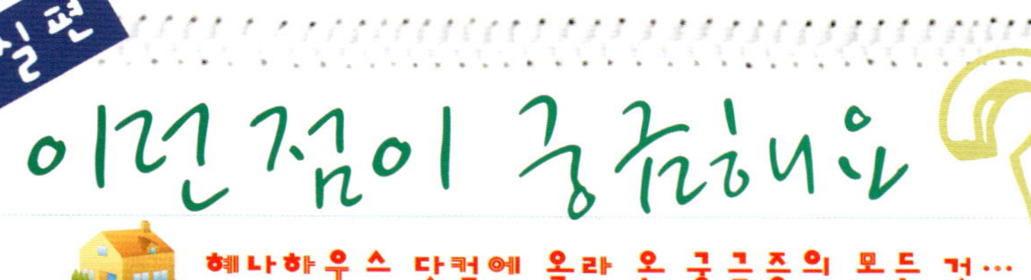

혜나하우스 닷컴에 올라 온 궁금증의 모든 것…

Q 책상 때문에 머리가^^

첫아가의 탄생을 기다리는 예비맘이랍니다^^

아가 낳으러 친정 내려가기 전에 이삿짐 정리도 해야 하고 이사온 집에 맞는 책상을

만들려니 맘이 급해지네요. 오늘 다른 목공소에 문의해보니 혜나님과 같은 책상에

서랍 2개 추가로 페인트 안 칠하고 견적을 문의했는데 32만 원이라네요. 두 개 64만 원인 거죠ㅠㅠ.

그래서 다소 머리가 아프지만 직접 만들 결심이 들어 글 올립니다.

혜나님 계시판에 책상과 관련된 글은 다 읽어봤는데요. 그래도 궁금한 것이 있어서 질문드립니다.

1. 책상 다리 젯소를 얇게 칠하셨다는데 제가 초벌제가 있거든요. 이거 얇게 바르면 같은 효과를 낼 수 있을까요?

2. 책상 상판과 다리 연결하는 나무판 부분 가로 세로 사이즈 좀 알려주시면 감사하겠습니다.

   그리고 그 부분은 있던 나무를 사용하셨다던데 최소 나무 두께는 몇 미리가 좋을까요?

   책상 만드시면서 많은 시행착오를 겪으셨을 텐데 정보 그냥 얻으려니 죄송하네요^^

3. 다리 깎은 곳이 삼화공예사라고 올리셨는데 아직도 십만 원에 해주실까요^^

   다리 깍는데 시간이 얼마나 걸리는지도 알고 싶어요ㅠㅠ. 아니면 더 좋은 곳도 있더라 추천해주실 곳이 있으신지…

4. 책상의 높이가 750㎜라 하셨는데 상판을 제외한 다리 높이만 얼마인지요?

5. 상판나무 5개 연결할 때 아랫판에 세로로 3개를 덧대셨는데 나무에 못으로 박으신 건가요?

6. 상판을 연결하실 때 빈틈없이 딱붙여서 연결하신 건가요?

신랑한테 오늘 만들어달라했더니만 신랑 왈 길다란 목재를 3등분 해서 2개는 다리,

하나는 상판으로 만들어주겠답니다. 상상이 가시죠^^

일이 많은 신랑이라 제가 나서지 않고는 예쁜 책상 얻기가 힘들 것 같네요.

임산부 뒤뚱거리면서 돌아다니기 너무 힘들어서 혹시나 드리는 말인데요

이거 반제로 저에게 팔아주시면 안될까요ㅠㅠ. 아님 요렇게 반제품 판매하는 곳은 없는지?

맘 급한 임산부, 혜나님의 답변만 기다리면서…

글 읽으면서 웃음이 실실 나왔어요~^^

누구나 다 똑같은 마음인가 봐요^^

배불러서 혼자 여기저기 알아보시러 다니려면 너무 힘드시겠네요.

질문하신 거에 일단 답변드릴께요!

1. 책상 다리 젯소를 얇게 칠하셨다는데 제가 초벌제가 있거든요. 이거 얇게 바르면 같은 효과를 낼 수 있을까요?

➜ 저는 그때 당시 집에 흰색 페인트가 떨어졌는데,

새로 사는 게 귀찮아서 가지고 있는 젯소로 칠했었구요~

백색 페인트로 칠하시면 좋고~ 스테인도 괜찮구요.

'고급 초벌제' 이런 것도 효과는 비슷하구요~

다 마른 다음에 바니시 칠은 반드시 해주셔야 한답니다.

2. 책상 상판과 다리 연결하는 나무판 부분 가로 세로 사이즈 좀 알려주시면 감사하겠습니다.

　　그리고 그 부분은 있던 나무를 사용하셨다던데 최소 나무 두께는 몇 미리가 좋을까요?

　　책상 만드시면서 많은 시행착오를 겪으셨을 텐데 정보 그냥 얻으려니 죄송하네요^^

➜ 원하시는 사이즈에 따라 상판과 다리 연결하는 나무 사이즈는 달라지게 되는데요.

그리고, 다리 두께에 따라서도 달라지구요. 찬찬히 책상의 구조를 생각해보시면, 이해가 되실 거예요.

ㅋㅋ이곳저곳 사이즈 물어보시는 분들이 많아서 컴퓨터 앞에 늘 줄자가 준비되어 있답니다.

상판 쪽에서 밑으로 내려오는 곳이 140mm구요~

(이 사이즈에 따라 책상의 느낌이 조금씩 달라지는 것 같아요).

긴 쪽의 가로 길이가 1090mm이구요~ 짧은 쪽은 310mm이랍니다.

가로로 길고 폭은 좁은 책상이죠. 상판은 1300mm에 495mm랍니다.

다리는 깎이지 않은 윗부분이 70mm 두께구요.

나무 두께는 보통 목재소에서 판매하는 게 몇 가지 규격이 있는데요~ 18mm나 24mm짜리를

흔히 사용하구요. 우리껀 24mm짜리랍니다.

3. 다리 깎은 곳이 삼화공예사라고 올리셨는데 아직도 십만 원에 해주실까요^^

　　다리 깍는데 시간이 얼마나 걸리는지도 알고 싶어요ㅠㅠ. 아니면 더 좋은 곳도 있더라 추천해주실 곳이 있으신지…

--➜ 다리 깍는 데는 하루 정도 걸렸어요.

그 근처에(을지로) 공예사들이 많이 있었는데, 다른 곳은 훨씬 비쌌구요.

그곳에서 제일 파격적인 가격에 흥정이 되었던 터라, 더 싼 곳이 있을런지는 모르겠네요.

그곳에서도 인건비도 안 나온다고 투덜거렸다는 후문이…

4. 책상의 높이가 750mm라 하셨는데 상판을 제외한 다리 높이만 얼마인지요?

--〉 상판 두께가 24mm니까 750에서 24를 뺀 726mm죠.

5. 상판나무 5개 연결할 때 아랫판에 세로로 3개를 덧대셨는데 나무에 못으로 박으신 건가요?

--〉 초보자들이 만들 때는 꺽쇠를 이용하시는 게 편하고 튼튼해요.

실제로 가구 제작하는 곳에서도 원목가구는 홈을 파서 끼움식으로 하기도 하지만,

MDF나 파티컬보다는 그냥 꺽쇠로 고정하거든요.

철물점에 가면 기역자로 되어있는 철물이 있답니다.

6. 상판을 연결하실 때 빈틈없이 딱붙여서 연결하신 건가요?

--〉 빈틈이 없다고는 자신 못합니다~ㅋㅋ

아~~~상판 위에 조각 낸 거 말씀하세요? 아뇨, 일정한 간격을 두고 붙인 거구요~

원목의 특성상 실내 습도에 따라서 늘었다 줄었다 하기 때문에 간격이 조금씩 달라진답니다.

패널 벽 때문에요~^^ 질문 많은데…

안녕하세요~~^^ 홈피 구경하면서 숨이 멎는 줄 알았어요.

두 돌짜리 애도 있는데 구경하다가 4시에 잠들었어요. 지금도 넘 졸려요~~^^

그동안 리모델링 하려고 세 달 가까이 알아보고 또 알아보고 하던 와중에

혜나님 집을 보고 아!!!무릎을 치며 탄성을 질렀지 뭐에요~ 저 따라쟁이해도 되죠?? 헤헤

다른 건 너무 어려워서 거실의 패널벽부터 하려고 해요. 님 따라서 미송합판으로 하려구요~

질문 들어갑니다~~^^

1. 패널벽 길이와 폭, 나무 종류, 두께 좀 알려주세요. (폭은 두 종류 인 거 같은데…)

2. 콘센트 부분은 어떻게 하나요? 목재소에 사이즈만 적어 가면 알아서 잘라주시나요??

3. 저 일산 사는데 남편분께서 가신다는 목재소 좀 알려주세요. 전화번호라도~~

4. 컨트리한 느낌으로 님처럼 페인트칠도 할 건데 페인트 종류와 묽기 정도도 알려주세요.

정말 너무 질문이 많죠? 하지만 저처럼 초보님들에겐 절실한 질문이라서요~~

따라쟁이 하면 나중에 님처럼 센스쟁이가 되겠죠???^^

 질문하신 거, 대답 들어갑니다~

1. 패널벽 길이와 폭, 나무 종류, 두께 좀 알려주세요

--> 패널 길이는 세 가지 사이즈로 했구요.

직접 작업하실 때는 각각 다르게 잘라오셔서 일정한 간격을 두고 붙이시면 됩니다.

우린 아예 조각이 난 것처럼 톱으로 합판에 길을 낸 거랍니다.

이 말을 이해 못하시는 분들이 많아서 그냥 세 조각으로 했다고 설명을 해버리죠.

폭은 대략 180mm, 90mm, 130mm 정도입니다. 느낌으로 그냥 하시면 되구요~

벽면의 넓이 정도에 따라서 좀더 넓게 해도 예쁘답니다.

2. 콘센트 부분은 어떻게 하나요? 목재소에 사이즈만 적어가면 알아서 잘라주시나요??

--> 콘센트 부분은 합판이 얇아서 일반 커터칼로 잘라도 잘 잘린답니다.

직접 사이즈 재서 잘라가면서 작업했어요.

3. 저 일산 사는데 남편분께서 가신다는 목재소 좀 알려주세요. 전화번호라도~~

--> 장항동의 남해목재랍니다.

그냥 지나가는 길에 발견한 곳이라 전화번호는 잘 모르구요, 지금도 그쪽에서 주로 구입하죠.

4. 컨트리한 느낌으로 님처럼 페인트칠도 할 건데 페인트 종류와 묽기 정도도 알려주세요.

--> 저희는 일반 수성(내부용)으로 칠했구요~

묽은 정도는 칠하시는 분이 느끼시면서 해야하니까 어떻다고 말씀드리기는 힘들지만,

남은 합판 조각에 칠을 먼저 해보고 말려놓은 다음 묽기를 판단하시는 게 실수가 없답니다.

페인트 종류도 수성페인트 어느 종류나 상관없이 거의 느낌은 비슷하게 만들 수 있답니다.

페인트 문제가 아니고 칠하는 사람의 원하는 정도로 페인트는 맞춰져 가는 거죠.

저희는 싼 재료로, 집에 있는 재료로 활용하는 편입니다.

 아크릴 물감 쓰시나요?

혜나님댁 화이트색 가구들은요, 아크릴 물감 쓰신 건가요?

어느 브랜드 몇 호 색인지 알 수 있을까요?

전 예전에 리폼할 때 삼화파스텔 연사과색 썼었거든요.

근데 양이 많아 꼭 남더라구요.

지금은 다 써버렸는데 아크릴 물감이라면 양이 그리 많지 않을 것도 같구요.

붓은 그림 색칠하는 그 붓 써야 하는 건지 등등 페인팅이 궁금하네요.

참, 바니시라는 거요 그거 꼭 써야 하는거죠?

전 페인트만 칠해서 썼더니 책꽂이 경우엔 바닥 부분이 다 벗겨지더라구요.

 그때 그때 달라요~*^^*

제가 사용하는 페인팅 재료는 딱~이거다, 라고 정해 놓은 건 없구요.

주변에 굴러다니는 게 있으면 집어서 칠하고, 적당한 게 없으면 사러 나가죠.

그래서 아크릴물감도 됐다가 때론 수채화 물감까지 동원이 되는 거죠.

저도 삼화파스텔 자주 사용해요.

따로 마감 코팅제를 사용하지 않아도 되니까 간편하고 좋아서요.

연사과색이 백색보다는 더 예쁜 것 같구요~

그걸로 계속 사용하시더라도 무리 없겠는데요. 가격이 약간 비싼 편이긴 하지만요.

우린, 현관 바깥쪽에 예전에 사용하던 신발장을 내놓고 페인트 공구함으로 사용하거든요.

쓰다남은 페인트를 보관하고, 필요 용도에 따라 골라서 또 쓴답니다.

유성 에나멜이 냄새가 좀 심해서 그렇지… 가격도 싸고, 목재용 리폼에는 좋은데요~

요즘은 아이들 때문에 신경이 쓰여서 유성은 잘 쓰지않게 되네요.

삼화 파스텔 사용하고 남은 건 뚜껑을 망치로 두들겨서 잘 닫아놓으면 다시 사용하실 수 있어요.

괜히 버리신 거 아녜요?

아크릴 물감이 사이즈별로 다양하게 살 수 있긴 하지만, 결코 싼 게 아니라…

남는 것 때문에 아크릴 물감을 사는 건 너무 낭비구요,

아크릴 물감으로 도색하시면 또 바니시 처리도 해야 하고 그러니까, 돈이 오히려 더 든답니다.

일부러 사서 쓰진 마세요. 저는 집에 굴러다니는 것 처리하느라 사용한 거랍니다^^

행여~ 사용하실 거면 화방이나 대형문구점에 가면 있구요,
붓도 좋은 건 무지 비싼데 비싼 만큼 값어치는 한답니다. 그게 문제죠~ㅎㅎㅎ
그냥 페인트라고 생각하고 페인트 붓을 사용하셔도 되고, 보통 아크릴 물감은 국산으로는
알파보다는 신한 제품을 많이 사용합니다. 수입 물감 쓰실 필요 없어요.

 **옹이 패널에 어울리는 벽지는요?**

혜나님의 솜씨에 감탄 감탄 하고 있어요.
제가 이번에 이사를 가는데 패널벽을 하려고 합니다.
방문과 몰딩이 전부 체리색인데 흰색으로 하려니깐 안어울릴 것 같아서…
프로방스 카페에 이삭님이 하신 옹이 패널로 하려고 하는데 흰색보다 나을까요?
그리고 반만 패널을 하고 윗 부분은 벽지를 바르려고 하는데
수입벽지와 실크 중 어떤 벽지가 예쁠까요?
흰색에는 모든 벽지가 예쁠 것 같은데, 옹이패널은 무엇이 어울릴지 잘 모르겠네요?
혜나님의 조언이 필요합니다.

 **좀 어려운 문제긴 하네요.**
그 체리색이 너무 짧게 유행하고 말아버린데다,
모던한 스타일로 연출했을 때 그나마 어울리는 컬러라서…
옹이패널은 오히려 흰색보다도 안 어울릴지도 모르겠다는 생각이 드네요~
우리집에 한 패널도 옹이가 많은 원목 합판이었는데요,
주변 가구와의 조화를 생각해서 그냥 불투명 흰칠을 해버렸답니다.
그냥 벽은 차분하게 묻히는 듯 있는 게 좋다는 생각 이예요.
체리색 문과 몰딩 때문에 색 쓰기가 참 어려우실테니까,
새로 컬러를 바꾸실 게 아니라면 체리색을 잘 살려서 어울리는 집 꾸밈을 해보세요~
하고 싶다고 생각하셨던 것들도 집과 어울리지 않는다고 생각하면 과감히 머릿속에서 지워버리시구요.
체리색과 어울리는 컬러나 문양이라면 약간은 진한 핑크톤(마젠타 계열에 가까운)이나
바이올렛 계열, 아이보리 계열도 괜찮구요.

한참 유행했던 소호 머스터드 벽지도 체리색과 그런대로 잘 어울린답니다.

수입벽지로 하실 거면 그런 비슷한 계열에서 찾아보세요.

너무 여러 곳에 산만하게 많이 포인트를 주지 말구요.

요즘 한참 컨트리한 스타일이 유행이라서 체리색 틀 위에 변화를 주는 게

더 어렵게 느껴지시겠지만 너무 유행스타일에 연연하지 마시구요.

기본틀을 잘 살린 집꾸밈이야말로 자연스럽고 세련되어 보인다는 건 두말 할 여지가 없겠죠?

거실 선반 다는 경첩에 대해서 질문합니다.

헤나님~ 헤나님 따라 하고픈 맘은 굴뚝인데 맨날 맘만 먹다가 실천도 못하고 있어요.ㅎㅎㅎ

저도 거실에 나무 선반을 달려고 하는데 신랑한테 나무 선반 좀 사오라고 했더니

용도가 뭐냐구 그러길래 헤나님 거실 사진 보여주고 선반 달린 모습 보여줬습니다.

경첩이 아래서 받쳐준 게 아니구, 선반 위쪽에서 달린 모습을 보더니 이거 선반 떨어지겠다 하면서

위험하다고 하지 말라면서 아직 나무도 안사다줘요.

헤나님처럼 달아도 안떨어지나요? 그리고 드릴로 박아야 하는 거지요?

글구 저 헤나님 따라서 차양 만들려고 하는데 엠블렘(?)이라고 하는지

잘 모르겠지만 저 그것 좀 보내주심 안될까요?

경첩이 아니고 꺽쇠랍니다~^^

아주 튼튼하구요. 밑에서 받치는 거나 위에서 버텨주는 거나 마찬가지 효과죠.

낮게 선반을 걸 경우는 아랫쪽에 꺽쇠를 달면 감추기가 쉽구요,

저희처럼 약간 높게 달 경우는 윗쪽에 꺽쇠를 두는 게 물건으로 감추기가 쉽답니다.

물론 드릴을 이용해서 벽면과 나무에 나사못을 박았구요~ 아주아주 튼튼하답니다.

위치는 2~3번 정도 바꾸기는 했지만 7년째 우리집에 붙어있던 놈인데…

지금까지 별 탈 없이 잘 쓰고 있답니다.

 # 거실 선반이 궁금해요?

선인장 올려놓은 선반이 너무 예쁘네요.
근데 10년 된 아파트라 드릴이 잘 안들어가네요.
선반을 어떤 방법으로 거셨는지 궁금해요.

 ## 오래된 아파트라 드릴이 안 들어가는 건 아니구요…

아마도 아주 튼튼하게 잘 지어진 아파트라 벽 뚫기가 좀 힘든 걸 거예요^^
근데 선반을 다시려면 어차피 벽은 뚫어야 하는데 어쩌죠?
단단하게 시멘트가 잘 쳐진 벽은 드릴로 뚫는데 힘이 굉장히 많이 들어요.
그래도 그 방법이 아니구선 안전상에 문제가 있으니
다시 한번 시도해 보시구요~ 도저히 벽이 안 뚫어질 정도로 단단하다면,
나무로 마감된 벽에 선반을 거는 수밖에 없겠네요.
선반은 노루발로 고정하는 방법도 있지만, 저희 거실에 건 선반은
노루발 없이 그냥 깔끔하게 걸고 싶어서 꺽쇠를 이용했어요.
눈높이 이상으로 높이 단 선반이라 윗쪽에 꺽쇠를 치면 잘 안 보이기도 하구요.
혹시 지저분하게 느껴진다면 그 자리에 소품을 올려두시면 가려져서 괜찮아요.
꺽쇠는 동네 철물점에서도 판매합니다.
http://www.77g.com/shopping/prod_view.asp?cd=H4127

사과궤짝을 재활용해서 만든 액자예요. 만드는 방법과 사이즈는 같지만,
칼라만 달리해도 느낌은 많이 달라진답니다.
프레임 칼라에 어울리는 사진을 끼워넣으면 아주 근사한 소품이 되겠죠?
사과궤짝의 나무가 얇기 때문에 세 겹을 겹쳐서 만들었구요~
중간판은 폼보드지 하얀색을 끼워넣어서 사진을 돋보이게 했답니다.

06년 제작

우리집 액자들

나무의 자연스러움을 한껏 느낄 수 있는 액자랍니다~
폐목을 재활용해서 만든 액자라서 나무 자체의
색도 약간씩 다르죠? 그게 오히려 멋스러운
연출을 해준답니다.

05년 제작

우드락으로 틀을 만들고 솜을 도톰하게 올린 다음,
원단을 덧씌워서 만든 액자예요.
같은 칼라 원단끼리 매치해서 여러 개를 만들어 걸면
아주 사랑스러운 액자가 된답니다.
큰애 태어나던 날 찍었던 사진을 붙여봤어요~

01년 제작

우레탄 몰딩을 45도로 잘라서 액자형태로 만들었구요~
원단에 솜을 넣고 도톰하게 누벼서 사진이나 소품을
핀으로 꽂을 수 있도록 했답니다.

액자라고만 하면 너무 서운하겠죠?
인터폰박스를 만들면서 한 가지 기능을 더 보태어,
문을 닫았을 때는 액자의 역할도 하도록 했어요.

모 두 모 두 모 여 라 !

이 액자는 모던한 스타일의 갈색액자를
빈티지 스타일로 리폼해본 거예요.
젯소로 밑칠을 하고 흰색 수성페인트로 덧칠해서
잘 말린 다음, 사포로 모서리를 문질러서 완성!
액자 안 예쁜 나비그림은 냅킨을
꽂아본 거랍니다.

젓갈 선물세트의 나무상자를 이용해 만든 액자예요.
입체액자라서 여행 후 추억을 담아놓기에 아주 좋아요~
바닷가에서 주워온 조개껍질이랑
그때 찍었던 사진을 함께 붙여봤어요.
아이들과 함께 만들어보세요.
체험학습에 도움이 됩니다.

포근한 느낌의 몰딩액자 만들기

톱으로 몰딩을
45도로 절단했어요.

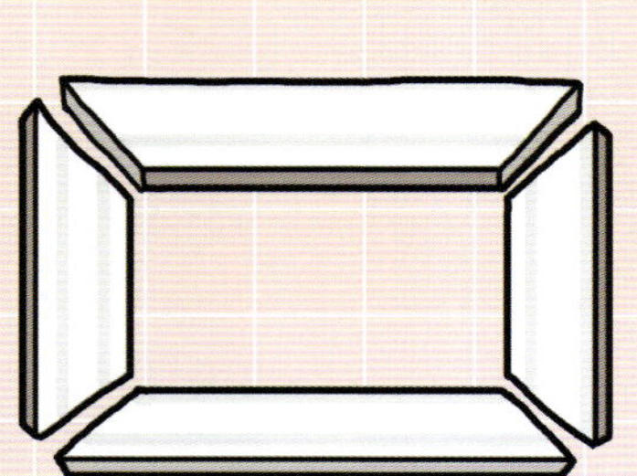

이렇게 잘라낸 몰딩 네 조각을
연결해서 이어주는데요~

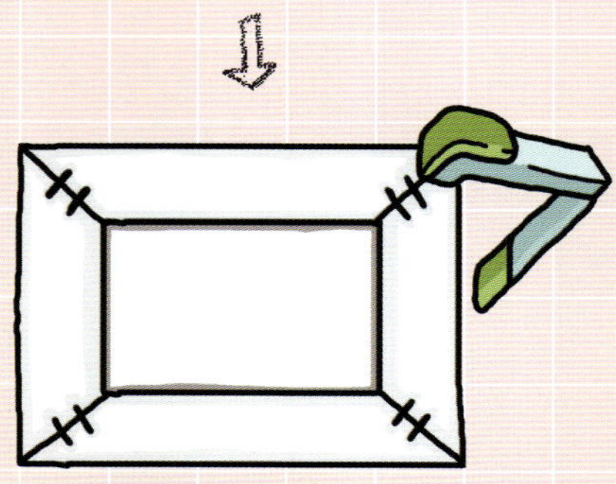

이음새에 본드를 바르고
뒷면에서 스탬플러로 박아주면
아주 쉽게 연결된답니다.

도톰한 입체효과를 위해 원단뒷면에
누빔지를 대고 박음질해줬구요~

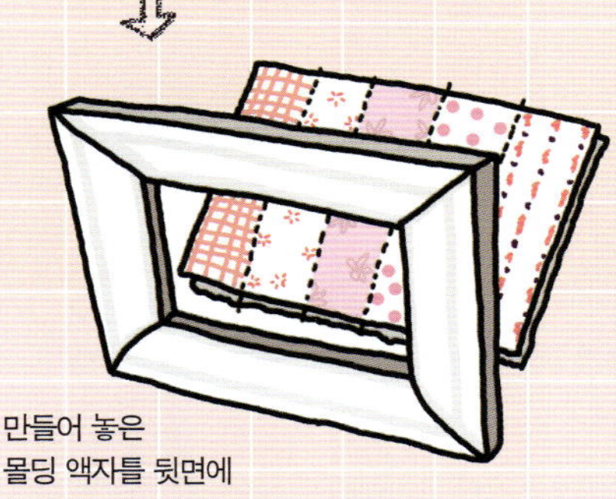

만들어 놓은
몰딩 액자틀 뒷면에
붙여줬어요.

가벼운 우레탄 몰딩이라서 지끈으로
고리를 만들어도 끄떡없거든요.
두꺼운 종이에 지끈고리를 테이프로 붙이고
뒷면을 깔끔하게 마무리해 붙여줬어요.

사랑스런 느낌의 패브릭 액자 만들기

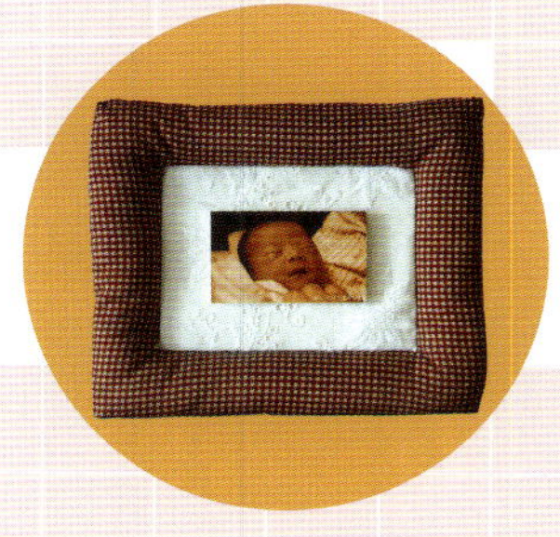

우드락을 액자형태로 자르고

액자틀 위에 양면테이프를 붙이고,
솜을 도톰하게 붙여줬어요.

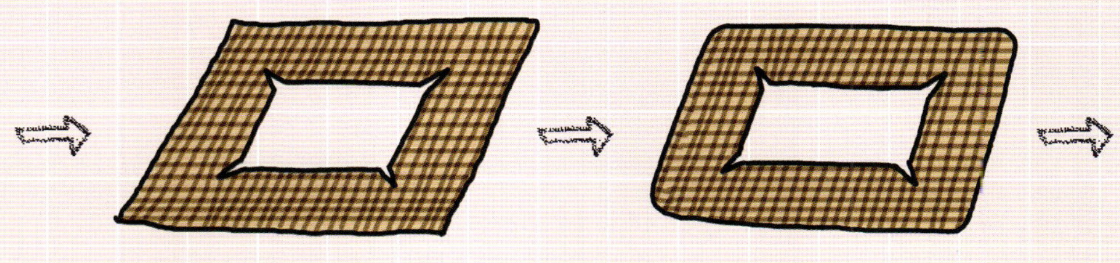

원단을 액자틀 사이즈보다 넓게 잘라서
중앙의 네모서리에 칼집을 넣어주고,

잘라놓은 원단을 씌워서

뒷면은 본드로 살짝 붙여줬어요.

처음에 잘라뒀던 액자틀의 가운데 조각에도
하얀색 원단을 씌워서 틈 사이에 끼웠어요.

윗쪽에 자끈이나 마끈으로 고리를 만들어
붙이구요, 깔끔한 뒷면 마무리를 위해
두꺼운 종이를 붙여주면 패브릭 액자 완성!

HYENA

나는 학창시절부터 라디오를 즐겨들었던 탓인지, 텔레비전에 대한 집착이 별로 없었습니다.

TV에 몰두하고 있으면 동시에 여러가지 일을 병행할 수 없지만,

라디오를 들으면서는 다 가능한 일이 되죠.

뉴스도 듣고 음악도 듣고 세상 사람들의 구구절절한 사연을 들으면서,

잡지도 보고 바느질도 하고 페인트칠을 할 수 있는 여유가 생겨서 더욱 좋습니다.

거실에 책상을 놓고 책장에 책을 꽂아두면서 반드시 독서하는 분위기로

만들어야겠다는 욕심을 부리지는 않았어요.

TV를 쳐다볼 시간에 잡지 속 사진을 보면서 가족들간에 풍성한 대화가 오가는 공간이기를 바랬고,

아이들과 함께 인터넷을 보고 스케치북에 낙서도 하고,

가위로 색종이를 오리는 시간이 좀더 늘어나기를 바랬던 소망을 거실에 담았답니다.

제안1 쇼파 옆 사이드 책장

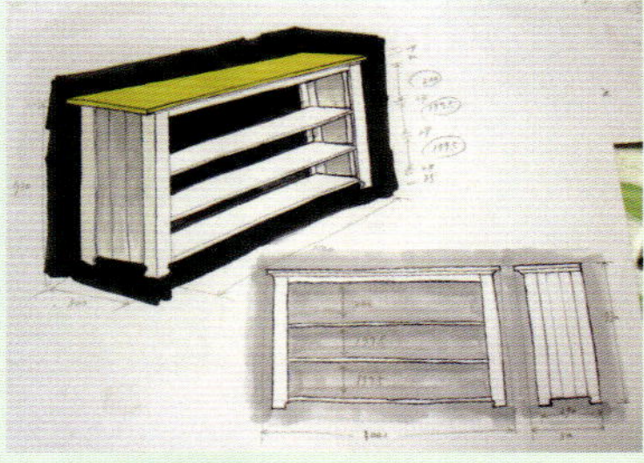

소파 옆에 흔히 두는 사이드 테이블에 수납기능을 보강하여 책장으로 이용해보면 어떨까요? 사이즈 작은 책장으로 사이드 테이블을 대신해도 좋을 것 같아, 원하는 스타일을 스케치해보았답니다.

자주 읽는 책이나 잡지를 꽂아두면 요긴하게 사용할 수 있겠죠? 덩치 큰 책장을 놓을 공간이 애매하다면, 이런 사이드 책장을 놓는 것도 센스 있는 연출이죠.

 # 덩치 작은 컴퓨터 책상

폭이 좁고 길이도 짧은 깜찍한 컴퓨터 책상이죠? 본래 2인용 식탁이었던 것을 컴퓨터 책상으로 리폼한 거랍니다. 신혼 때 사용하던 2인용 식탁이 있다면 이런 용도로 다시 활용해 보는 건 어떨까요? 자리를 많이 차지하지 않아서 좁은 집의 공간활용에 그만입니다.

정사각의 식탁을 절반으로 잘라서 다리는 다시 연결해 붙이구요, 하단에 본체를 놓을 대를 만들고, 상판 밑에 키보드를 넣을 수납대를 만들어서 백색 페인트로 리폼한 거랍니다.

키보드 수납대를 만들어 넣으니 완벽한 컴퓨터 책상이 됐답니다. 집안 어느 곳에 두어도 공간활용이 잘 될 것 같은 작은 사이즈죠?

거실 한쪽에 TV와 그 맞은 편 소파… 이런 획일적인
배치의 고정관념을 버리고 거실에 책장을 놓아보세요~
꼭 책장의 용도만이 아니라도 장난감 정리함도 좋구요.
아이가 직접 책을 꽂고 정리정돈할 수 있는 다용도장이
있다면 어려서부터 바른 습관을 길러주기도
좋을 것 같아요~

거실을 서재 분위기로 만들겠다고
작정을 하고 나니, 요소요소 책을
둘 곳은 많이 보이더군요.
현관문을 열고 들어오면 거실이
훤히 들여다보이는 구조라서, 현
관 앞에 가리개가 필요했답니다.
이왕이면 다용도로 이용 가능한
가벽을 만들 생각으로 뒷면엔 옷
걸이로, 앞면은 책장으로 사용할

수 있도록 만들었답니다. 소파 바로 옆에 있어서 책을 꺼내 읽기
도 참 편하구요~ 철망장으로 문을 만들었기 때문에 안에 무슨 책
이 꽂혀 있는지 찾기도 수월하구요.
아예 천장높이까지 꽉 차게 만들었기 때문에 수납도 정말 빵빵
하답니다. 바로 손쉽게 읽을 거리를 찾아볼 수 있는 분위기 조성
이 독서 습관을 위해 참 중요하다고 생각되네요.

나들이 장소 | 아지오 홍대점

kitchen

요즘 아파트들은 주방쪽 인테리어에 신경을 많이 쓰더군요.
집을 선택하는 문제마저도 이제는 주부들의 입김이 크게
작용해서이기도 하겠지만, 가족 모두가 한자리에 모일 수 있는
공간으로서의 가치를 인정하기 때문이겠죠.
그래서인지, 저도 모델하우스에 구경가면 주방쪽을 제일 유심히 본답니다.
단순하게 밥을 먹고 식사를 준비하는 기능뿐만 아니라,
가족이 대화를 나누고
가까운 이웃과 차 한잔을 나누며 수다를 떠는 공간이며,
주부가 일손을 놓고 잠시 여유를 즐길 수 있는
공간이기도 하니까요.

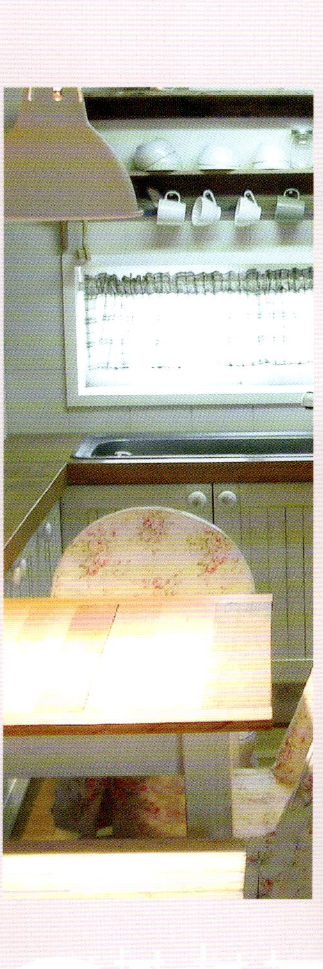

KITCHEN

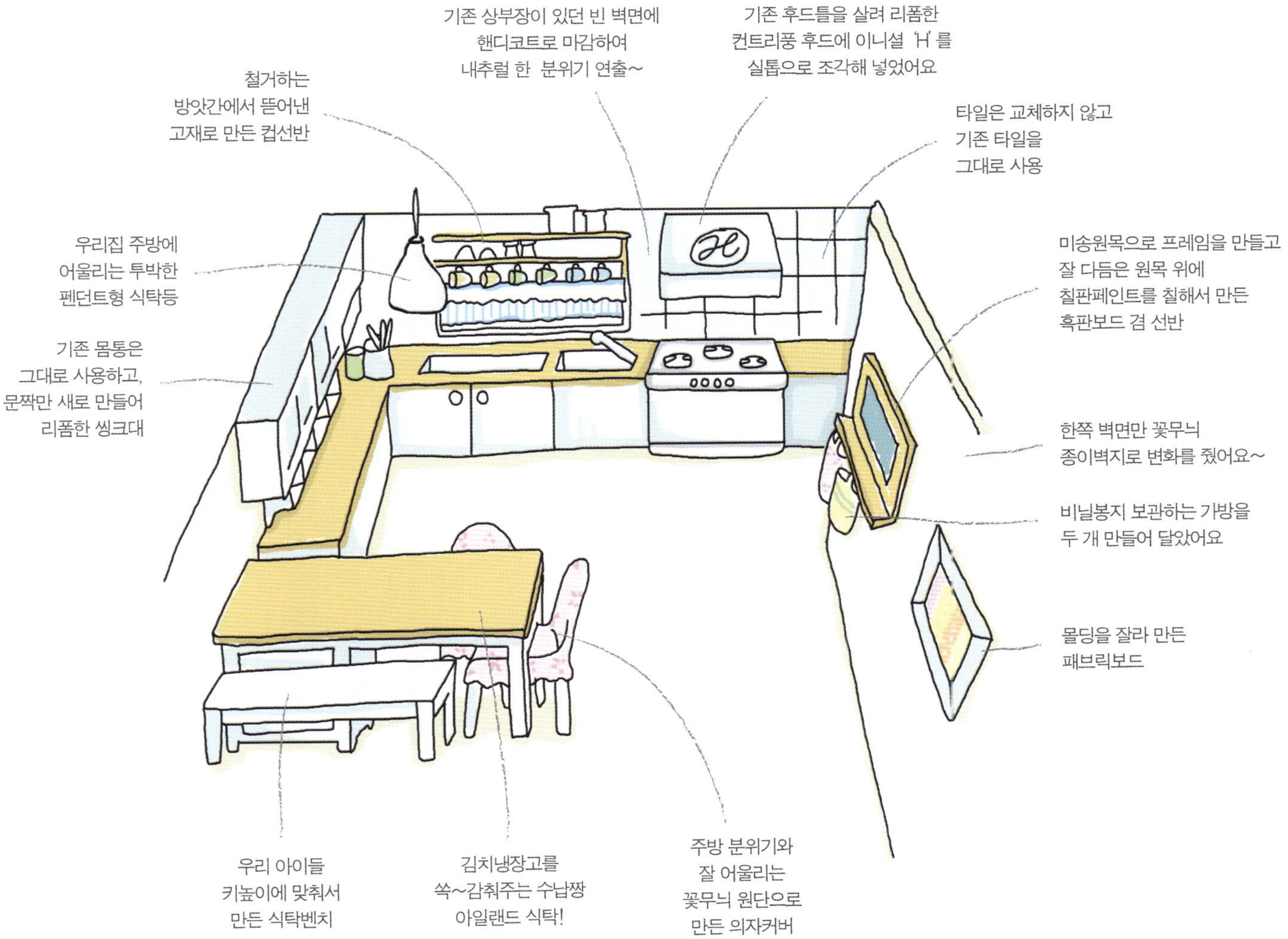

기존 상부장이 있던 빈 벽면에
핸디코트로 마감하여
내추럴 한 분위기 연출~

기존 후드틀을 살려 리폼한
컨트리풍 후드에 이니셜 'H'를
실톱으로 조각해 넣었어요

철거하는
방앗간에서 뜯어낸
고재로 만든 컵선반

타일은 교체하지 않고
기존 타일을
그대로 사용

우리집 주방에
어울리는 투박한
펜던트형 식탁등

미송원목으로 프레임을 만들고
잘 다듬은 원목 위에
칠판페인트를 칠해서 만든
흑판보드 겸 선반

기존 몸통은
그대로 사용하고,
문짝만 새로 만들어
리폼한 씽크대

한쪽 벽면만 꽃무늬
종이벽지로 변화를 줬어요~

비닐봉지 보관하는 가방을
두 개 만들어 달았어요

몰딩을 잘라 만든
패브릭보드

우리 아이들
키높이에 맞춰서
만든 식탁벤치

김치냉장고를
쏙~감춰주는 수납짱
아일랜드 식탁!

주방 분위기와
잘 어울리는
꽃무늬 원단으로
만든 의자커버

수납을 잘하면 주방이 넓어집니다

주방은 살림이나 요리의 관심 여부를 떠나서 주부라면 누구든 욕심이 생기는 공간이죠.

아직은 쓸만한 골격은 살리면서, 유행에 뒤쳐진 상판과 여기저기 스크래치가 생긴 문을 교체해서

새 것과 거의 다름없는 개성있는 싱크대를 만들어봤어요.

빵빵한 수납을 위해서 개방감 있고 탁트인 공간을 찾기 위한 노력도 했구요.

공간을 잘 활용하면 두 마리 토끼를 다 잡을 수 있는 방법이 분명 있더라구요~^^

싱크대 왼쪽의 상부장과 하부장 사
이에 선반을 두 개 만들어서 나란히
걸었죠. 비어있는 공간을 이용해서
자주 사용하는 밥공기와 국그릇, 그
리고 물컵 등을 수납하는 용도로 사
용하고 있답니다.
손이 쉽게 닿는 위치에 오픈된 선반
이 있으니 참 편리하더라구요.
같은 크기의 그릇들을 포개어 수납
하면 꽤 많은 양의 그릇이 수납되기
도 하구요.

아일랜드 테이블 겸 식탁을 만들어서 평
상시엔 싱크대 공간으로 넓혀서 사용하
고, 식사 때는 식탁으로 사용하고 있어요.
여기에도 수납의 비밀이 숨어있답니다^^
아일랜드 식탁에 만들어 놓은 속이 깊은
서랍은 숟가락 등 꽤 많은 양의 소품을 여
유있게 수납할 수 있습니다.

 원목의 느낌이 조금은 투박하고 거칠어 보이지만, 
자연을 닮아있는 주방에 머물러 있노라면 한없이 편안해짐을 느낀답니다.

가능하면, 상부장을 다 없애고 시원스럽게 트인 주방을 열망
했었답니다. 하지만 그 많은 그릇들을 다 어찌하구요~ 냄비
나 후라이팬, 그리고 김치통 등 사이즈가 좀 큰 것들은 하부
장에 수납하구요, 상부장에는 작은 그릇류 등이 수납되어 있
어요. 냉장고를 다용도실쪽으로 빼내어 사용하고 있기 때문
에 그만큼의 여유공간도 생긴 셈이죠. 지금 아일랜드 식탁이
있는 자리가 바로 흔히들 냉장고를 놓는 위치랍니다.

> " 아일랜드 식탁을 만들면서, ㄱ자형 싱크대의 구조가 ㄷ자형이 된 셈이죠.
> 그리 넓지도 않은 주방이 더 좁고 답답해지는 게 아닐까 걱정도 했는데요, 예전에 2인용 식탁이 있던 자리가
> 싱크대와 떨어져서 또 하나의 공간을 차지하고 있었던 것에 비하자면 집중적인 공간 활용면에서는 더 좋아진 것 같아요.
> 김치냉장고도 감쪽같이 감춰서, 오히려 주방 입구가 여유러워졌다고나 할까요~^^ "

싱크대 리폼해서 10년 더 쓰기

after

미송원목(24mm), 오공본드, 전기톱,
아크릴 물감, 백색 수성 페인트,
수성 우레탄 투명락카, 손잡이 교체,
실리콘(싱크볼 고정)

before

01 일단 상부장을 전부 뜯어내고(상부장 위치를 옮길 계획이라서) 문짝도 떼어내는 작업을 하구요.

02 싱크볼도 뜯어냅니다. 실리콘이 덕지덕지 아주 튼튼하게 붙어있기 때문에 힘이 많이 들었답니다.

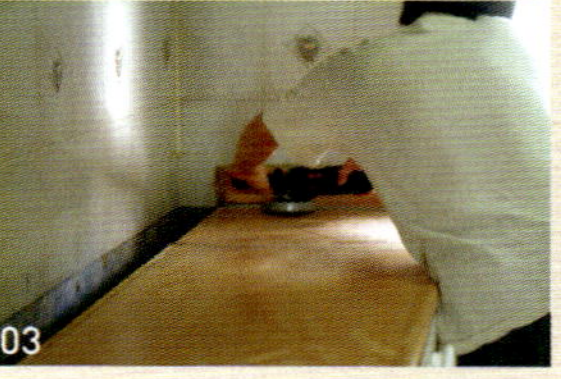

03 상판 벽쪽에 있던 선반턱도 좀더 넓은 조리공간 확보를 위해 전기톱으로 잘라서 없애주구요.

04 미송원목으로 상판을 만들고 아크릴 물감에 물을 많이 섞어서 칠해줍니다. 앞뒷면을 동일한 횟수로 칠해서 수분에 의한 뒤틀림이 없도록 했답니다.

05 문은 흰색 수성페인트를 바르고, 무광 바니시로 마감을 해서 달았답니다. 정면 상부장은 없애고, 상부장 뜯어낸 자리는 핸디코트를 이용해 회벽 느낌으로 처리했습니다.

06 아크릴 물감으로 도색한 상판에 수성 우레탄 투명락카로 앞뒷면을 고루 3회 정도 칠을 해서 잘 말린 다음 기존 상판 위에 새로 만든 상판을 얹었답니다.

07 옆면을 보면 아시겠지만, 기역자 모양으로 상판을 만들어서 얹었기 때문에 24mm 원목두께와 기존 상판두께를 포함하여 66mm두께의 도톰한 상판이 되었답니다.

08 해체부터 제작 그리고 설치! 이 모든 작업을 혼자의 힘으로 해낸 울 남편 너무너무 수고 많았어요~ 짝짝짝.

식탁 상판에 비밀문을 만들었죠

김치냉장고 뚜껑을 열 때마다 일일이
식탁을 움직일 필요는 없답니다.
이렇게 식탁 윗쪽에 문을 만들었거든요.
경첩을 달아서 고정했구요~
닫아두면 감쪽같은 비밀의 문이랍니다~^^

수성 우레탄 투명 락카

싱크대 마감 코팅제로 사용한
수성 우레탄 투명 락카예요.
싱크대 리폼하면서 처음으로
사용해본 건데요, 수성이라서
냄새가 거의 없고 우레탄 계열
이라서 표면을 단단하게 코팅을
해주는 건 물론이구요, 락카라서 아주 금
방 마른다는 점이 참 매력적이죠.
싱크대 리폼 이후로 바니시나 니스 대신
종종 이용한답니다.

주워 온 팔레트(상판), 주워 온 각목(다리),
미송원목(24㎜, 서랍 및 몸통), 백색 수성 페인트,
아크릴 물감(상판도색), 수성 우레탄 투명 락카

01 서랍이 앞뒤로 깊어서 꽤 많은 양
도 거뜬히 수납 할 수 있답니다.

02 서랍이 걸리도록 보조 장치를 했
구요. 중간 칸막이로 구분지어 자
주 사용하는 물건은 앞쪽에, 그렇
지 않은 물건들은 뒷쪽에 수납합
니다.

03 안쪽에 숨은 바퀴가 있어서, 움직
임이 가능하도록 했어요.

04 이쪽에 김치냉장고를 넣어두면
윗공간도 활용할 수 있고, 눈에
보이지 않게 깔끔한 수납도 가능
하답니다.

식탁 상판에 사용한 나무의 전생

공장에서 지게차로 물건 나를 때 사용하는 팔레트를 이용해서 만들었답
니다. 박혀있는 못을 빼고 표면을 매끈하게 다듬는데 시간이 좀 걸리기는
하지만 재료비를 아낄 수 있다는 점에서 아주 대력적이죠. 우리집 근처에
작은 공장들이 많은데 말만 잘하면 그냥 얻어올 수 있는 재료랍니다.

상부장을 없애고
공간을 덜 차지하는 선반으로~

정면으로 보이는 싱크대 상부장은 떼어서 시야를 시원하게 해줬구요,

그 공간만큼의 수납을 위해 선반을 만들어 달았답니다.

이 자리에서 떼어낸 상부장은 옆 공간으로 고스란히 옮겨 달아서

수납 자체의 공간은 오히려 늘어난 셈이구요, 탁트인 주방의 풍경까지 덤으로 얻은 셈입니다.

상부장을 떼어낸 자리는 대개 타일 마감이 되어있지 않죠?
타일을 새로 붙이는 비용도 절감하고 고재 선반과도 어울리는 마감자재로
핸디코트를 선택했어요. 자연스런 질감의 회벽효과가 투박한 느낌의
고재선반과 너무나 잘 어울려주더군요.

너무나 갖고 싶었던 깔대기 모양 범
랑 후드는 아니지만, 폐목으로 비슷
한 형태를 만들어봤어요. 기존 후드
틀을 그대로 사용하되, 양 사이드의
나무틀을 비스듬하게 잘라서 변화를
줬구요. 밋밋한 표면에는 실톱으로
이니셜을 조각해서 붙여봤답니다.

오래된 나무에서 주방 선반으로 전격 변신

상부장을 떼어내면, 이렇게 타일이 붙어있지 않은
석고보드 마감상태로 있답니다.
저희는 비용을 최소화하는 리모델링을 위해 타일은
기존 상태를 그냥 사용하기로 했구요~
윗쪽 빈공간에 핸디코트로 마감을 했답니다.
저희가 만든 선반과도 너무 잘 어울려주는
탁월한 선택이었답니다.

상부장을 걸 때 사용하던 나무 지지대를 떼어내고,
핸디코트를 발랐구요~ 자연스런 질감을 살리려면
비닐장갑 끼고 손으로 한 주먹씩 쥐고 발라주면 된답니다.
고무헤라를 이용해서 펴발라도 편하더군요.
석고보드 위에 선반을 걸 때는 드릴로 구멍을 뚫고
석고보드 전용 칼블럭을 이용해야 합니다.

오래된 정미소를 철거하면서 얻은 고재로 만들어서 꽤 운치 있죠?
저기 선반에 패인 구멍이 쌀이 지나가면서 생긴 세월의 흔적이라네요.
얼마나 오랜 세월동안 쌀이 지나다녔을지 짐작이 되시나요?

원목의 색감이나 나무결이 참 자연스럽죠?
매끈하고 잘 다듬어진 나무보다도 이렇게 울퉁불퉁
얼룩진 표면이 더 정감이 가는 건 왜일까요?
이 나무도 정미소에서 처음 뿌얀 피부색을
가지고 있었을 거예요. 오랜세월 공기와 접촉하며
자연스런 피부색을 갖게 된 거죠.
그 피부색이 너무 고와서 페인트칠 없이 코팅제로
투명락카만 칠해준 거 랍니다.

나만의 스타일로 후드장 리폼하기

본래 있던 후드를 활용해서 리폼한 거랍니다.
싱크대 분위기랑 어울리게~투박한 나무느낌을 살리고,
개성없는 표면에 H 이니셜을 만들어 달았답니다.
기존 후드박스를 활용하다보니 모양에
변화를 주는 게 한계가 있더라구요.
제가 꿈꾸던 멋진 깔대기 모양 법랑 후드는 아니지만,
나름대로 우리집 주방과 어울리는
후드로 탈바꿈 했죠?

작업 확인담

'H'의 의미가 뭐냐구요?
뭘 새겨 넣을까 고민하다가 홈, 하우스,
그리고 제 이름 첫 자, 마지막으로 후드까지…
여러가지 복합적인 의미를 지니고 있는
H를 대표 이니셜로 정했답니다.

이니셜 조각은요~

원하는 서체를 컴퓨터에서 찾아서 프린트한 다음,
12mm짜리 미송합판에 스프레이접착제(3M
75)로 살짝 고정하고 실톱으로 잘라줬답니다.

기존 상부장에 연결된
후드틀은 그대로 재활용
하되, 각진 부분을 비스
듬하게 잘라서 둔한 느
낌을 없애줬답니다.

01

03

윗뚜껑이 너무 허전해서 H자를 조각하고 흰색 페인
트를 칠해서 글루건으로 붙인 다음, 가는 못으로 한
번 더 고정해줬답니다.

02

앞면과 옆면에 나무를 조각내서 붙여주고, 흰색 페
인트를 칠한 다음, 무광 바니시로 마감을 했어요.

우리집 주방…
이런 모습들을…
거쳐왔어요…
주방의 추억
PICKLES

혜나하우스를 알고 계신 지 오래 된 분이시라면, 이 부엌 차양의 모습을 기억하실 거예요. 그때는 그나마 파격적인 DIY였는데^^ 주방을 카페분위기로 연출해 봤 었답니다.

이때는 제 마음속에도 핑크색이 자리를 잡고 있었나봐요^^ 의자 커버링을 하면서 식탁보도 어울 리는 핑크색으로 만들어봤었답 니다. 최근까지 사용했었던 2인 용 식탁의 모습이 그립네요.

예전에 사용하던 김치냉장고 가 리개예요. 지금은 아일랜드 식 탁밑에 김치냉장고를 수납하고 있지만요. 뒷쪽은 뚫려있는 ㄷ 자 형태로 제작을 해서, 아랫쪽 엔 바퀴를 달았답니다. 앞으로 잡아당겨서 김치냉장고 문을 열 었지요.

어디서 많이 본 듯한 가구죠?^^ 거실에 놓인 공구함이 과거에는 주방에 놓였던 적도 있었답니다. 윗쪽에 컵선반을 달아 서, 공구함과 본래 세트인 것처럼 사용을 했었죠. 신발장이 변신해서 그릇장 흉내를 내고 있다니… 역시 리폼의 힘은 위대하 지 않습니까?^^

이 청바지 발란스가 인상적이었다는 분들 도 꽤 계시던데요~ 제가 입던 청바지를 윗쪽만 잘라서, 발란스 커튼으로 사용했던 거예요. 주머니에는 수납도 할 수 있게 만 들었어요.

흔한 디자인의 렌지대를 하얀색으로 다시 페인팅해서 사용해봤어요. 지저분한 것은 가리개를 만들어서 가리구요. 왼쪽에 걸 려있는 가방 보이시죠? 비닐봉지 수납과 영수증을 모아두는 가방이었답니다.

지금도 사용하고 있는 우리집 식탁의자의 모습이지만, 커버링은 다르죠? 의자 모양 이 까다로워서 커버링할 엄두를 못내고 있다가, 간단하게 스커트 형태로만 커버 링했던 의자예요.

주방 한쪽 벽면엔 작은 낙서공간을 만들었죠

작년 여름 도배를 직접하면서 주방 한쪽 벽만 은은한 꽃무늬 벽지를 붙여봤는데요,

싱크대를 리폼하기 전에 골랐던 벽지지만, 새로운 분위기의 주방과도 잘 어울려줘서 다행이예요~

한롤에 2500원에 구입한, 가격도 예쁜 종이벽지랍니다.

더 다양하고 근사한 수입벽지나 실크벽지들도 많겠지만, 가격대비 너무 만족스러운 종이벽지예요.

그래서 칠판 선반의 나무결하고도 아주 잘 어울리는 벽면이 됐답니다.

칠판은 저에게는 아이들 준비물이나 장볼 때 구입할 물건들 적어두는 메모장이구요~

울 아이들에게는 벤치 딛고 올라서서 그림도 그리고, 낙서도 하는 스케치북이랍니다.

엄마도 좋아하고 아이도 좋아하는 공간…
칠판 위에 분필로 메모를 하다보면,
학창시절의 아련한 추억도 새록새록 떠오른답니다~^^

이 가방 속에 뭐가 들어 있을까요?
비닐봉지 수납하는 가방을
만들었어요.
가게에서 받아올 때마다 가방 속에
쏘옥~ 넣어뒀더니,
깔끔하게 정리가 된답니다.

아이가 더 좋아하는 흑판수납선반 만들기

꼭 한번 만들어보고 싶었던 칠판을 활용한 가구…
요즘은 인테리어 소품으로 판매하는 흑판보드도 꽤 있고,
칠판 원판을 잘라서 판매하는 곳도 생겨서
직접 만들거나 소품의 한 부분으로 활용하기에도 좋답니다~

발견하고 너무 뿌듯했던 칠판 페인트!

DIY관련 일본 서적에서 칠판 페인트가 있다는
사실을 알았었구요~ 그때부터 국내에도 들어와
있지 않을까, 하고 여기저기 수소문을 해봤는데 구할 수
가 없었답니다. 1년여 시간이 지나고, 어느날 우연히
인터넷에서 검색을 하다가 칠판페인트를 판매하는 곳을
찾아내고, 기쁜 마음으로 구입했죠.
http://www.arumnara.net 아름나라에서 구입했구요.
일반 페인트보다는 비싸지만, 흑판 원판 자체의 가격에
비하면 그래도 페인트가 훨씬 저렴한 편이죠. 이 페인트
통에 있는 로고 디자인처럼 실제 칠판 페인트가
빨주노초파남보 일곱 가지 칼라만 나온다고 하구요,
저는 일반적인 초록색 칠판이 아닌 흑판 칼라로 조색한 페인트로 구입했답니다.
이렇게 해서 칠판 페인트를 칠해서 완성한 칠판수납 선반.
동네 문구점에서 분필을 구입했구요~
잘 써지고 잘 닦이는 제대로 된 칠판이랍니다.

40mm 정도의 각목으로 흑판 선반의 프레임을 만들
었습니다.

분필 받침대도 만들어 달았죠. 홈을 살짝 파서, 분필
이 떨어지지 않도록 하는 것도 잊지 않았죠.

흑판 표면으로 사용 할 나무를 샌더기로 매끈하게 다
듬는 중이랍니다. 잘 다듬은 나무표면에 페인트칠만
하면 흑판수납선반 완성!

칠판 페인트가 아닌 흑판원판을 구입하시려면~
http://www.jaeilboard.co.kr
(제일흑판)에서도 원하는 사이즈대로
잘라서 판매하구요~

다양한 스타일의 칠판을 구입하시려면~
http://www.romantic-board.com (강경숙의 로맨틱 칠판)
취향에 따라 쓰임새에 따라 선택할 수 있는
다양한 종류의 제품이 있답니다.

내 추럴한 수납 벤치 페인팅 기법 공개

뽀샤시~하게 하얗기만 했으면 별로
매력적이지 않았을 거예요.
원목의 나무결을 잘 살려주고,
세월의 흔적이 느껴지는 자연스러움을 위해
모서리와 결이 살아있는 부분을 살짝 문질러놓은
듯한 페인팅 방법을 택했답니다.
일반적으로 흔히 알고 계시는 사포를 이용해서
문지르는 방법은 맞는데요~
미송원목처럼 연한색의 나무는 그 느낌 자체가
선명하지 않기 때문에 밑색작업을 따로 하는 게
원하는 효과를 볼 수 있는 방법입니다.
그 방법을 공개해 드릴께요~

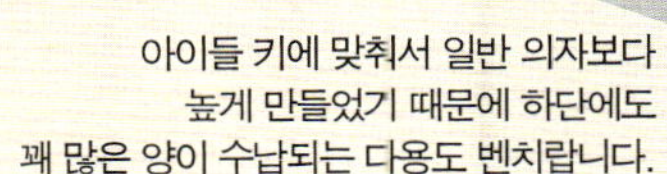

아이들 키에 맞춰서 일반 의자보다
높게 만들었기 때문에 하단에도
꽤 많은 양이 수납되는 다용도 벤치랍니다.

01
미송원목으로 만들었구요. 이 자체 색감도 자연스럽
고 좋지만, 놓일 곳의 분위기에 어울리는 흰색으로
칠을 할 겁니다.

02
흰칠을 하기 전, 월넛칼라 스테인으로 밑칠을 해줬
답니다. 붓으로 칠하고 헝겊으로 닦아내는 식으로
색을 입혀주구요.

03
다 칠해 진 상태로 잘 말린 다음…

04
그 위에 밀크페인트로 하얗게 칠을 해줬네요. 이렇
게 복잡하게 밑칠을 한번 더 해주는 이유는 나중에
사포질 후 벗겨지는 나무색이 좀더 선명하게 보이도
록 하는 거랍니다.

05
이렇게 우윳빛으로 뽀얗게 칠이 된 상태를 잘 말린
다음, 모서리 부분을 자연스럽게 사포질을 하면 자
연스런 나무결과 원목의 느낌이 살아있는 벤치가 탄
생하는 거죠.

이런 점이 궁금해요 

 혜나하우스 닷컴에 올라 온 궁금증의 모든 것…

 **Q 싱크대 나무상판 저도 하고 싶어요.**

20년된 단독주택의 부엌과 거실을 리모델링하는데,
혜나하우스의 싱크대 나무상판이 너무 인상깊어서요.
자세하게 가르쳐 주세요.
나무종류, 구입처, 나무에 칠하는 것들, 소요시간 등등(아는 것이 너무 없어서요).
좋은 정보 기다립니다.

 **직접 만들 게 아니라면…**

인조대리석이 더 좋을지도 몰라요.
물론 자재 자체는 대리석이 더 비싸지만,
시공비나 제작비를 생각하면, 인조대리석이 사용하기에도 더 불편함이 없겠죠.
네이버 블로그에서 심보님이 싱크대 상판만 인조대리석으로
작업하시면서, 업체 때문에 여러모로 고생하신 이야기를 들은 적이 있어요.
싱크대 하는 곳들이 대부분 분야별로 일이 나누어져 있기 때문에
몸통만 따로 만들고, 상판은 또 다른 업체에 외주로 맡기고,
수전이나 집기는 또 다른 곳에서 가져오고…
뭐 이런 식이라서 한 분야쪽 작업만 해서는 돈이 안 되는 거죠.
심보님이 의뢰하신 업체에서는 굉장히 친절하게 상담해주고 단가도 저렴했던 것 같아요.
이경실 님께서 원목 상판 느낌을 꼭 원하시는 게 아니라면…
인조대리석을 한번 더 고려해 보시는 것도 좋겠네요.
상판의 면적 때문에 나무도 많이 들어가구요,
어디에서 작업을 하든 재단이나 접착은 해오셔야 하는 거라서

비용이 인조대리석 이상으로 들어갈 것 같아서 말이죠.

또한 원목 원판 한 장으로 작업을 할 수 없어서,

두 장 정도는 정교하게 덧붙여야 하구요…

이런 작업이 집에서 공구없이 하기에는 좀 무리랍니다.

나무 종류는 흔한 미송이라서 어느 목재소를 가시더라도 구입하기엔 수월하실테지만요.

24mm짜리로 사용했구요.

집에서 작업하실 거면, 원목 제재목보다는 집성목을 사용하시는 게 좋을 겁니다.

상판 나무에는 아크릴 물감으로 조색해서 원하는 갈색을 만들었구요~

투명우레탄 락카로 마감을 해서 물에 강하게 했어요.

상판만 작업한 시간은 3~4일 정도 걸렸나봐요.

만들고 칠하고 또 말려서 칠하고… 그런 다음 설치하는 시간도 꽤 걸렸구요.

싱크볼 뜯어내고 실리콘으로 다시 붙이는 작업까지 하면요.

싱크대 문짝이요?

저도 싱크대 문짝을 리폼할까 하는데요, 패널은 무슨 나무로 하신 건지?

그리고 무슨 칠을 하면 그런 느낌이 나는지 궁금합니다.

문틀이랑 안의 패널이랑 두께 차이가 나는 거죠?

무식한 질문이지만 답변 부탁 드립니다.

미송원목이구요.

바깥쪽이나 안쪽이나 다 똑같은 원목이랍니다.

완성 후, 그냥 원목합판으로 할 걸 그랬나~ 후회도 했답니다.

괜시리 고생을 많이해서…

하나씩 일일이 나무를 쪽을 내서 프레임 안쪽 골에 끼우는 식으로 작업했구요.

그래서 안쪽 판과 바깥쪽 프레임은 두께 차이가 나는 거죠.

바깥쪽이 약간 도톰하게 올라와야 예뻐요.

 ## 이번엔 싱크대?

혜나님 이번엔 싱크대를 리폼 하셨네요. 넘 넘 예뻐요!

나도 따라 하고파요^^ 문짝은 직접 만드셨나봐요 결이 있어보이던데…

혜나님의 집을 보고 있노라면 제가 상상하는 집인 것 같아서 우리집이 아니면서도

보는 것만으로도 행복해진답니다.

싱크대 문으로 사용하신 목재는 무엇인가요? 저도 나중에 하려고요.

지금은 배란다 새시문 가벽이 먼저이지만, 신랑이 영 협조를 안하고 있어서…

가벽공사는 당분간 엄두도 내질 못할 것 같아요.

 ## 안녕하세요~

우리집보다 더 예쁜 집을 목표 삼으셔야죠~^^

싱크대 문과 상판은 미송원목입니다.

제일 저렴하고 구하기 쉬운 나무죠.

집성목이 아닌 이상 생활하면서 변형이 많이 되는

특징이 있으니, 반드시 잘 말린 미송으로 구입하셔야 해요.

집성목으로 작업하면 훨씬 더 편리하지만

가격이 많이 비싼 관계로, 저희는 몸이 좀 고생하는 작업방식을 택한 거랍니다~^^

남편이 도와주는 그날까지 계속 설득 잘하세요.

같이 집 꾸미는 취미를 가지면 좋은 점이 너무 많거든요~*^^*

 ## 오~ 놀라운 주방

혜나님 홈 맨날 구경해도 덧글 남기기는 처음인 것 같네요~

늘 좋은 아이디어를 얻어가기만 합니다.

심란하다고 말씀하신 싱크대 상부장 뜯어낸 사진, 우리집 지금 상황이랑 똑 같네요.

저희도 주말에 남편이랑 ㅋㅋㅋ 같이 공사한답니다.

그래서 말씀인데요. 사진에 후드가 없어 보이든데 후드랑 식기건조기는 어떻게 떼어내셨나요?

전기코드가 안 보이게 공사되어 있는데 상부장 뜯어내면 콘센트가 있나요?

후드없이도 불편하지 않을까요?

저도 얼른 고친 사진 자랑하고 싶답니다.

답변 부탁드릴께여~

 ## 다 옮겨 달았답니다~^^

그렇게 감쪽같이 옮겼나요?

먼저 후드는 사진상에 약간 벗어나서 안 보였을 뿐 있던 자리에 그대로 있답니다~^^

후드커버도 원목으로 새로 만들었는데요.

아직 디자인적으로 미완성이라서 다음에 촬영하려고 미뤄뒀답니다.

후드가 상부장에 내장된 스타일이라서,

그 상부장 껍데기만 벗겨내고 약간은 전체틀을 잘라낸 다음,

컨트리한 느낌을 살려서 만들었어요.

물론, 후드는 예전처럼 앞으로 잡아당겨서 사용할 수 있도록 했구요.

깔데기 모양으로 된 아주 멋진 범랑후드를 꿈꿨지만,

그건 나중에 로또에 당첨된 이후로 미루구요… ㅎㅎ

후드도 전선이 달려있는데 뽑아서 옮긴 다음, 다시 조립한 거랍니다.

식기건조기도 정면에 있던 걸 떼어내고 왼쪽벽으로 옮긴 건데,

전선은 벽에 바로 매몰된 게 아니구요. 코드가 밖으로 나와있어서

싱크대 벽에 꽂도록 되어 있거든요.

상부장이 얹어져 있던 나무틀(지지대)만 뽑아내고 거기에 약간의 흔적이 있었는데요,

핸디코트로 메꿔넣고 윗면에 타일이 비어있는 부분은 전체를 핸디코트 발라서 완성했답니다.

타일을 새로 바르면 돈이 드는 관계로… 후드는 있어야죠.
뭐, 집에서 요리를 많이 안한다면 크게 문제가 없기도 하겠지만~^^
의문이 풀리셨나요?

 ## 아일랜드 식탁나무요?

아일랜드 식탁나무는 어떻게 목공소에서 제작을 하신 건지?
너무 궁금해요~ 제가 딱 찾는 스타일인데 너무 비싸서… 저렴하게 어떻게 만드셨는지?
자세히 알고 싶어요.

 ### 아일랜드 식탁은 제 남편이 직접 만든 거랍니다.

상판 나무는 공장에서 물건 나를 때 사용하는 나무 팔레트를 주워와서 이용했구요
(돈은 안 들었지만 다듬는데 시간이랑 힘이랑 노력이 무지 많이 들어요).
몸통쪽은 미송원목이랍니다.
단순하게 재료비만 생각한다면 직접 만들면 아무래도 저렴하겠지만…
뭐든 직접 만들어보면, 생각하셨던 제품의 가격이 그리 비싼 것만은 아니라는 걸 아실 겁니다.
사진을 보면 어떤 구조인지는 짐작이 가실 거예요~
한쪽엔 서랍이 있어서 숟가락, 젓가락을 보관하기에 아주 좋답니다

식탁 상판이요…

유리 안깔고 사용하시는 거 맞죠?

자주 들러서 감탄사 연발하며 구경만 하고 갔었드랬었요. 이번에 궁금한 게 있어서요.

제가 철천지에서 파는 식탁 DIY 패키지를 구입했어요.

식탁 전체를 흰색으로 칠하긴하되 나무결을 살리고 헤나님처럼 상판에 유리를 안깔고 사용

했으면 좋겠어요. 어떤 페인트가 적당할까요?

그리고, 마감처리는 바니시로 하셨나요?

음… 흰색은 아무래도 상판에 스크래치가 나면 넘 거슬릴까요?

처음으로 원목가구를 직접 만드는데 실수를 적게 하고 싶어서 질문이 많네요. ㅎㅎ

바쁘시겠지만, 답변 부탁드립니다.

우리집 책상이랑 비슷한 스타일 패키지 말씀이시죠?

저는 식탁에 유리 깔고 사용하는 걸 딱~ 싫어해서, 그냥 쓴답니다.

예전 식탁도 그렇고 그냥 신경쓰지 않고 부담없이 사용할 수 있는 스타일이 좋아요.

뜨거운 것도 그냥 팍팍~ 올려놓으면서 사용한답니다.^^

그래서 책상이든 식탁이든 흰색 상판보다는 나무색 상판을 좋아하구요~

아이들이 그릇이나 포크로 콕콕 찔러둔 자리마저도 자연스럽게 느껴지더라구요.

페인트는 나무결을 살리려면 투명한 칼라를 사용해야 하는데요~

저희처럼 아크릴 물감으로 조색을 해서 물을 아주 많이 섞어서 칠하시면

투명도가 잘 살아나구요. 아니면 스테인 계열로 칠하셔도 됩니다.

나무색 종류만 해도 여러가지가 있으니까, 원하시는 컬러로 구입하시면 되고…

스테인은 붓으로 칠하고, 천으로 자연스럽게 문질러서 자연스럽게 닦아내는 방식으로 칠을 하면,

나무색감도 잘 살아나고 색도 자연스럽답니다. 마감은 바니시나 니스로 꼭 해주시구요~

무광이나 저광이 고급스럽긴 하답니다.

바니시도 잘 말려가면서 최소한 2회 이상 칠해주시는 게 효과가 좋답니다.

이틀 정도는 사용하지 마시고 잘 말린 다음에 표면 상태를 테스트해가면서 서서히 사용하시면 돼요.

페인트나 바니시가 완전히 정착되는데 시간이 좀 필요하더라구요.

흰색 상판은 스크래치 때문이라기 보다 표면에 얼룩이 잘 묻어나서 아무래도 신경이 쓰이더군요.

싱크대 시트지 뭐가 좋을까요?

안녕하세요. 우연히 알게되어 한번 들어 와봤는데 눈이 휘둥그레 그저 부럽기만 합니다요.

근데, 여기에 질문 같은 거 해도 되나요?

사실 이번에 이사를 하게 되서 도배 장판을 새로 했는데요.

주방 쪽에 한쪽 면을 포인트 벽지 한다고 한 게

LG 모젤 피앙세 벽지 중 화병 레드라는 벽지를 선택해서 발랐거든요.

근데, 샘플로 봤을 때는 마음에 쏘옥 들던데, 한쪽 벽을 다 발랐더니 우째 너무 벌건

게 좀 왠지 걸리고(실은 울신랑 지금 출장 중이라 제가 모든 걸 맘대로 결정 ^^)

게다가, 오래된 싱크대 색깔은 너무너무 벽지랑 안 어울리는 게 완전 고민입니다.

그래서 싱크대를 시트지로 씌울까 하는데

어떤 게 좋을까요? 붉은 색 계통의 민무늬가 나을까요? 아님 무늬가 있는 게 좋을까요?

참고로 포인트 벽지와 싱크대는 마주보고 있습니다.

아니 싱크대가 ㄱ 자로 있고 그 맞은편에 붉은색 (화병레드) 벽지가 버티고 있죠.

요런 거 질문해도 되는지 모르겠지만 심각한 고민에 빠져서 글 올립니다.

그리고 참, 방산 시장 가려면 어떻게 가야 되는지 그리고 어느 가게가 싸고

좋은지 좀 알려 주심 안될까요?

벽지는 멋질 것 같아요.

잘 고르셨는데요. 막상 집에 적용하고 보면,

우리집 분위기 곧 주변 분위기와 안 어울려서 어색해 보이는 경우가 꽤 있죠?

그게 경험이 많아지면, 결정에 오류 횟수도 조금씩 줄어들기는 하지만,

여전히 어려운 일이라는 걸 느끼실 겁니다.

아마도 너무 뻘겋다는 건 개인적인 취향의 문제겠구요,

저는 긍정적으로 생각해서 포인트도 되고 정열적이고 눈에 확~튀는 개성있는 공간이리라 생각되구요.

분명 그럴 거라고 본인에게 최면을 거세요~^0^ 그럼 그 벽면이 사랑스러워질 거예요.

그리고 싱크대가 오래되고 색이 안 어울린다면 시트지 붙이는 방법을 시도하는 것도 좋을 듯해요.

컬러는요~ 제가 지금 나영님 댁 주방을 구체적으로 들여다보지 않아서 확실한 조언은 못 드리지만

그냥 전체적으로 빨간색은 오히려 심히 자극적(?)인 주방을 만들 듯 하구요~

레드화병과 잘 어울리고 깔끔하게 흰색(또는 미색)으로 래핑하시는 게 좋을 듯해요.

그러면서 문짝들 중 한 줄이나 두 줄 정도는 빨간색 단색 시트지로

포인트를 주셔도 환상이구요~^^

빨간색과 하얀색이 얼마나 세련된 느낌을 줄지 기대됩니다.

방산시장이 가격은 좀 저렴하지만, 시트지 파는 곳이 그리 많지 않은데다

대부분 학교 환경 정리할 때 사용할 듯한 얇은 시트지를 취급하는 곳이 많아서요~

괜히 고생만 하실지도 모른다는 걱정도 되네요.

현대시트 총판을 제가 다녀온 적이 있는데요~ 그곳 품질이 좀 괜찮아요.

단색이라 굳이 수입 시트지까지 사용하실 필요도 없겠구요.

전화번호가 02-2265-3206이네요. 상호가 "중앙디자인포장"이에요.

을지로 4가 방산시장 입구에서 약간만 들어가면 있어요.

사이트에서 판매하는 거나 마트 가격보다는 훨씬 저렴하고 롤 단위도 커요.

혹시 거리가 멀거나 여의치 않으면, 단색은 가격 자체가 무늬 시트지보다

저렴하니까 사이트 구입도 괜찮답니다.

인컴코리아(http://www.incomkorea.com)나 아리랑데코(http://www.arirangdeco.com)또는

홈시트(http://www.homesheet.co.kr), 굿씽크(http://www.good-think.co.kr)를 이용해보세요.

샘플 신청이 가능한 곳은 샘플을 먼저 받아보신 다음에 작업량 만큼 구입하시구요,

샘플 신청이 힘든 곳은, 배송료가 아깝더라도 한두 가지 제품을

한 마씩만 구입해서 꼭 실물을 보세요.

약간의 차이같지만, 시트지도 표면 질감이나 색감에 따라

고급스럽기도 하고 싸구려같기도 하거든요.

우리집 거실 소개하면서도
보여드린 적이 있는 리폼 의자예요.
갈색 의자에 흰칠을 하고,
청바지를 씌워서
독특한 느낌을
내봤답니다.

혼수 준비하면서 너무 맘에 들어서
구입했던 청록색 라탄의자를
흰색 에나멜 페인트로 칠을 하고,
압축스폰지로 방석을 만들어
새롭게 탄생시켰답니다.

우 리 집 의 자 들

모델하우스 디스플레이 일을 하시는 분께서 주셨던
오래된 의자를, 제가 새로 커버를 만들어 사용 중이랍니다.
커버는 큼직한 꽃무늬가 시원스럽게 새겨진
캔버스 원단으로 만들었어요.

욕실공사를 하면서 만든 앉은뱅이
의자 겸 세면대용 아이들 발판이예요.
방부스테인을 칠해서 물이 닿아도
끄떡없답니다.

아이들 식탁의자로 만든 기다란 벤치랍니다.
주방편에서도 선보였었죠?
키가 높아서 아이들 식탁의자 겸
수납벤치로 사용하고 있죠.

2만9천원의 저렴한 가격이
마음에 들어서 구입했던 식탁의자예요.
의자가격보다 더 비싼 연건비를
투자해서 커버를 만들어 씌웠어요~^^

모 두 모 두 모 여 라 !

본래의 용도는 우리 아이들이 사용할수 있는
키가 높은 스툴인데요~
화분을 올려두는 용도나 좁은 공간에 놓고
작은 가전제품 올려둘 때도 유용하답니다.

흰색 소파커버를 꼭
만들어야겠다고 다짐만 하다가 둘째 낳고
출산휴가 때 무리해서 강행했답니다.
엄두가 안나던 작업이었지만 완성한 후의 보람 또한
컸던 우리집에서 제일 큰 의자예요.

큼직한 꽃무늬 원단으로 만든 의자커버

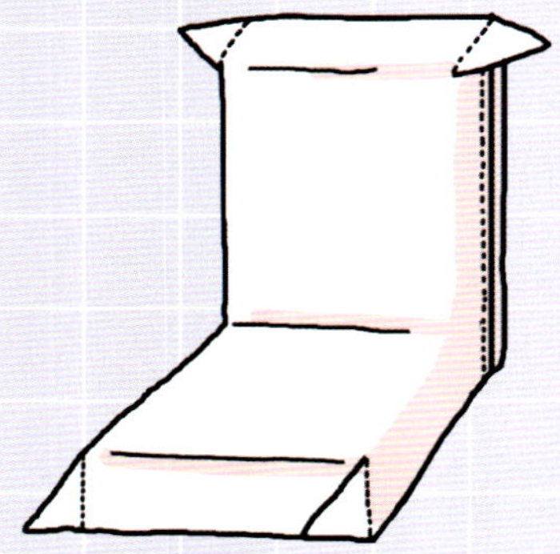

대충의 사이즈를 재서 자른 다음,
원단을 뒤집어서 시침질했어요.

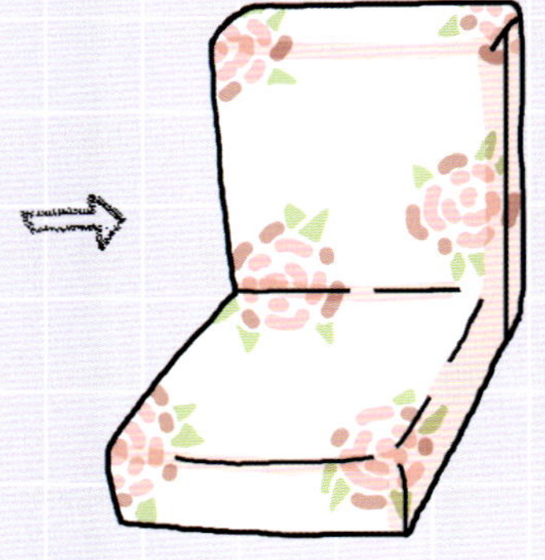

박음질해서 뒤집으면 이런 모양이 되겠죠?

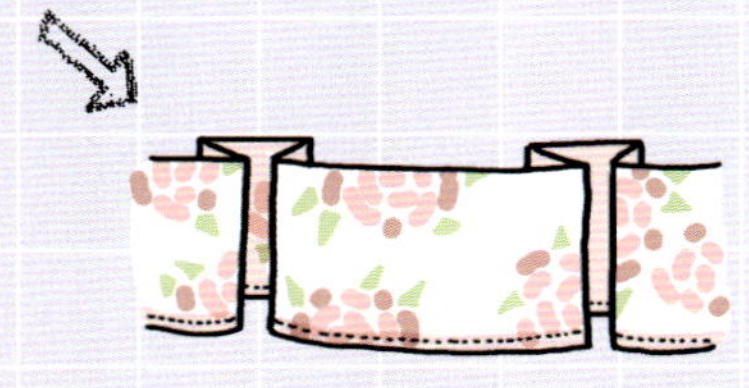

아랫단은 맞주름을 잡아서
빙~ 둘러 연결해줬어요.

동그란 등받이 의자커버

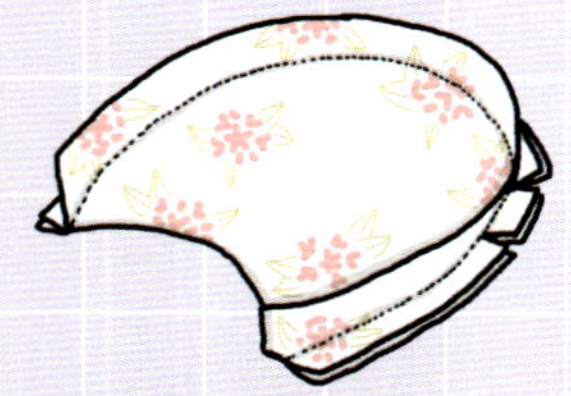

의자 모양이 평범치 않아서 엄두가
안났었지만, 앉는 부분과 등받이 부분을
종이로 본을 떠서 연결하는 방식은
어느 커버와 마찬가지랍니다.

그림으로는 생략했지만, 뒷면에
누빔지를 덧대었구요~
각 이음새마다 파이핑을
연결해서 이어줬어요.

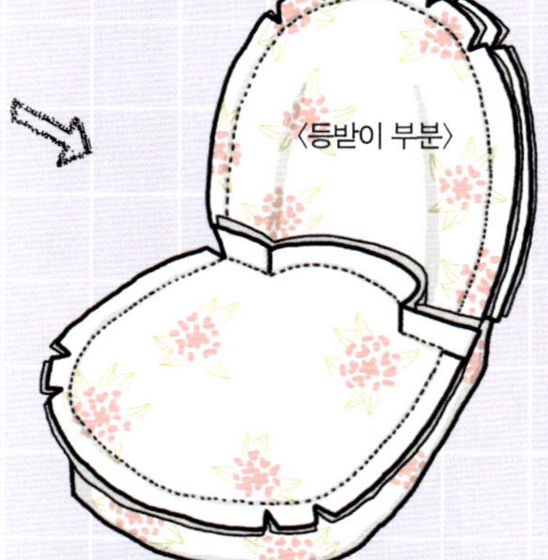

앉는 부분과 등받이 부분을
서로 연결해 몸통을 완성했어요~

맞주름을 잡아서 아랫단은 연결해줬어요.

면 벨로아 원단으로 만든 소파커버

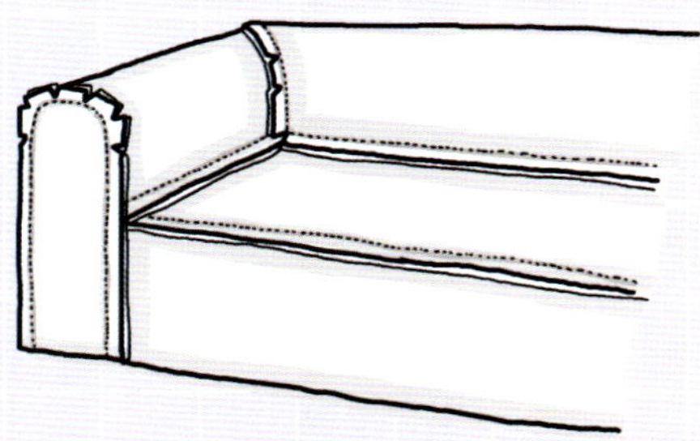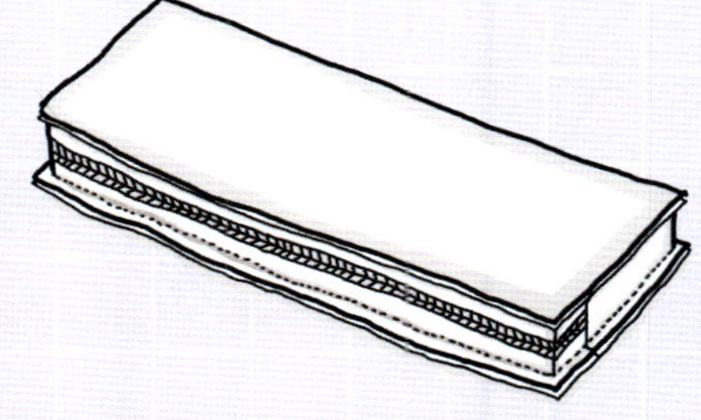

여느 커버링 방법처럼 모양대로
본뜨고 뒤집어서 시침질해가며 사이즈 가늠하는 건,
소파커버링도 마찬가지~

방석 부분도 마찬가지로 즈업했구요~
이렇게 조각나지 않고 한통으로 방석쿠션이
있어서 스펀지의 꺼짐현상도 적게 느껴져요.
단지 사이즈가 커서 시간이 많이 걸리고
감히 엄두가 안나서 그렇죠

라탄의자 리폼하기

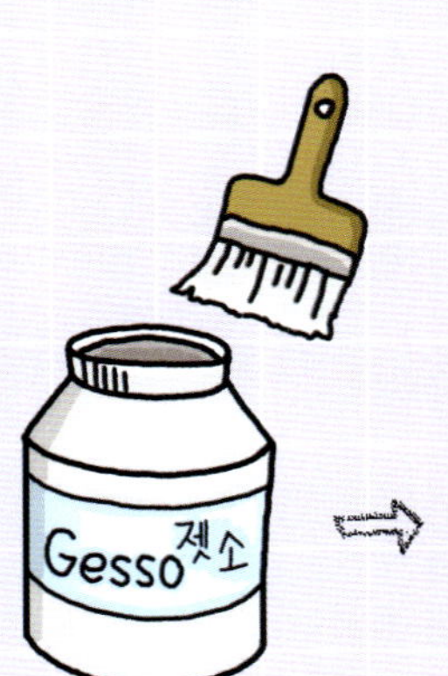

종이로 방석부분 본을 떴어요.

압축스펀지를 본대로 잘라서
속통으로 이용하구요~

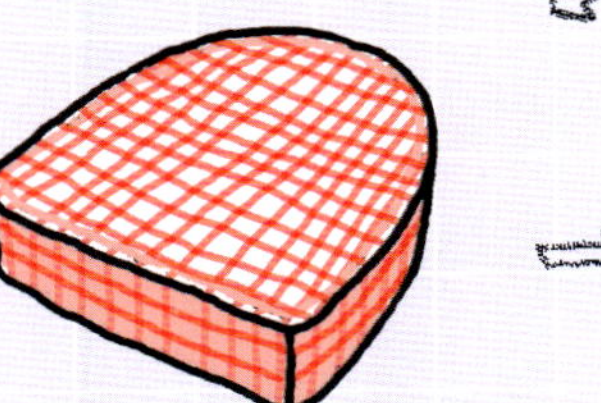

본래 초록색이었던
라탄의자에 젯소칠을
2번 정도 했구요~

.잘 말린 다음,
유성에나멜 페인트로 칠해서
의자를 리폼한 다음~

본대로 위아랫판을 자르고 옆판을
연결해서 박음질했어요. 지퍼를 길게 달아서
속통을 넣고 빼기 편하게 하구요.

뒤집어서 스펀지를 넣은
완성상태 모습이랍니다.

식당이 넓어집니다

HYENA

많은 사람들은 자신의 집이 좁다고 느끼며 살아갑니다.
묵은 살림을 껴안고 살아가면서…
(다음 이사 때까지 한 번도 열어보지 않은 상자를 보고서
이사할 때 버렸다던 선배의 말이 생각나네요).

예전에 거실을 식당으로 활용한 모 주부지의 기사를 생각하며
이번에 완성한 식탁을 거실에 놓아보았습니다.
어떻게 보면 거실의 활용도는 식당보다 낮습니다. 좁은 집이라면
과감하게 거실이나 작은 방을 식당으로 활용하면 어떨가요?
휴식을 취한다고 한정된 공간에 억지로 나누어 놓은

거실의 소파에 늘어져 있거나
함께 모여는 있지만 건성으로 대화하며
텔레비전나 보는 공간인 거실…

그런 거실을 과감히 없애버리면 어떨까요?
가끔은 지인들을 초대하거나
매일 같은 시간에 가족들이 식사하고 대화하는 건강하고
멋진 식당으로 활용해 볼 수 있겠지요.
아이들과 함께 책을 볼 수도 있고, 아내가 재봉틀을 돌릴 수도 있고,
모두 잠든 밤 남편이 미래를 설계하는 공간이 될 수도 있겠고…

거실에 넓은 테이블을 놓아보세요.
남과 다르게 산다는 것, 사는 공간도 넓어지고
삶은 즐겁고 창의적으로 바뀌지 않을까요?

휴식이 필요할 때는 침실에서 숙면하는 게 좋구요.
텔레비전을 없애지 못 할 때는 안방이나 장롱 속에 놓으면
텔레비전이 뺏어 가는 인생의 일부를 되찾을 수 있지 않을까요.

나들이 장소 ┃ 선유도 공원

bath room

집 꾸미는 일을 취미삼아 즐겨하면서 동호회 활동도 하게되고,
우리집을 구경오고 싶다고 조르는 분들을 가끔 만나게 됩니다.
인터넷상에 올리는 사진이야 제 눈에 예뻐보이는 부분만
편집 가능한 데다 항상 깔끔떨며 사는 건 아닌지라 늘 고민이죠.
제일 보여주고 싶지 않은 곳이 바로 욕실이었답니다.
칙칙한 타일과 유행지난 색이 입혀진 집기들 때문에
아파트 연수에 비해서도 훨씬 노후해 보였거든요.
집에 오신 손님이 욕실문이라도 열어볼라치면,
얼굴이 벌겋게 달아오르면서 민망해지던 그 곳…
이제는 제가 가장 사랑하는 공간이 되었답니다.

셀프의 한계에 도전하다!
욕실공사 직접하기

리모델링 공사를 하더라도 가장 많은 비용이 들어가는 공간이 욕실과 주방쪽이죠.
변기나 세면대 등 집기 가격도 만만치 않은데다 타일이나 그에 따른 인건비가 너무 부담스러워서,
예산 범위에 따라 차후로 미루신 경험들 많이 있으실 거예요.
저희는 애초에 도배도 못하고 이사 온 터라, 욕실공사 같은 건 꿈도 못 꿔본 건 당연했구요,
몇 년 동안 직접 집을 손보면서 욕실공사만은 직접하기 힘든 거라고만 생각하고 있었죠.
가끔 집구경을 오겠다고 방문한 지인들이 욕실문을 열어보면, 정말 쥐구멍이라도 찾아 들어가고 싶을 만큼
창피하고 그랬으니까요. 욕실에 애정이 없으니, 기본적인 청소도 하기 싫어지고~
코팅방식으로 공사를 하면 좀 싸다는데, 혹은 타일 전용페인트가 있다는데, 그걸 칠해볼까?
혼자서 별별 궁리를 다 했었답니다.
욕실 코팅도 저에게는 부담되는 비용이었고, 타일전용 페인트도 일반 페인트의 몇 배 가격인데다
효과에 대해서도 확신이 없어서 선뜻 결정하기가 쉽지 않았어요. 요목조목 따져봐도,
차라리 우리가 직접 공사를 하면서 인건비를 줄이는 게 가장 비용 부담이 적을 것 같았답니다.
남편이 많은 도움을 주겠다고 약속도 했구요. 솔직히 저 혼자서 작업할 엄두는 나지 않았거든요.

SELF-INTERIOR DESIGN EASY FOR ANYONE
A WOMAN WHO REPAIRS HER HOUSE
A MAN WHO DECORATOINS HOUSE

BATHROOM 02

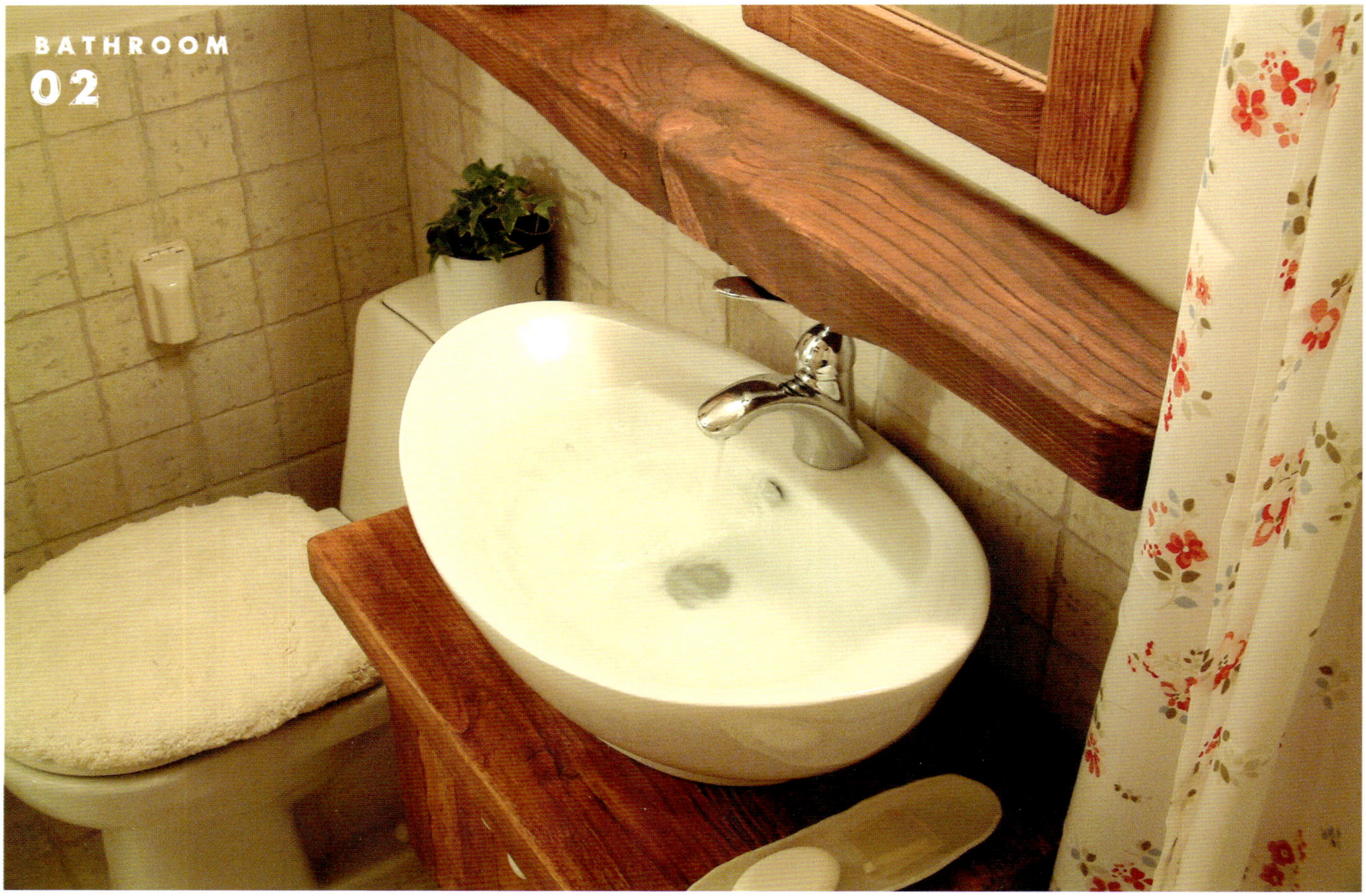

중간을 가로지르는 각목선반이 참 멋스럽기도 하지만, 쓰임새도 아주 좋지요. 바로 손이 닿는 위치라서 자주 사용하는 자잘한 물건들을 올려놓기에 그만이랍니다. 비누케이스도 일반적인 플라스틱 소재가 싫어서 길다란 도자기 접시를 비누받침으로 사용해봤답니다.

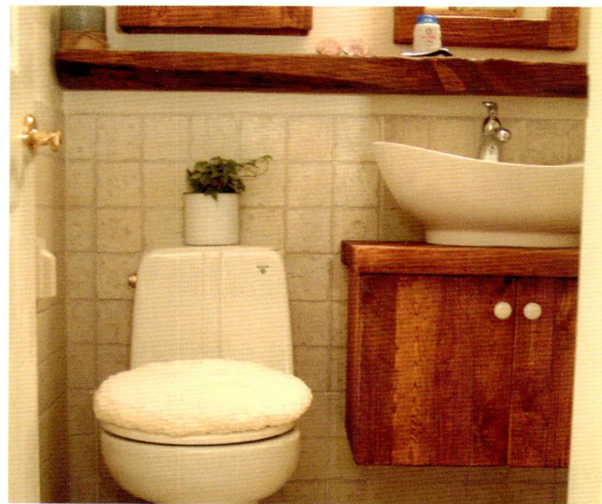

아주 좁은 욕실이예요. 이렇게 문을 열어놓고 사진을 찍어야 겨우 앵글에 잡히는… 그래도 공사를 한 후에 훨씬 넓어진 느낌이 드네요. 욕조를 없애버린 것도 잘한 것 같구요.

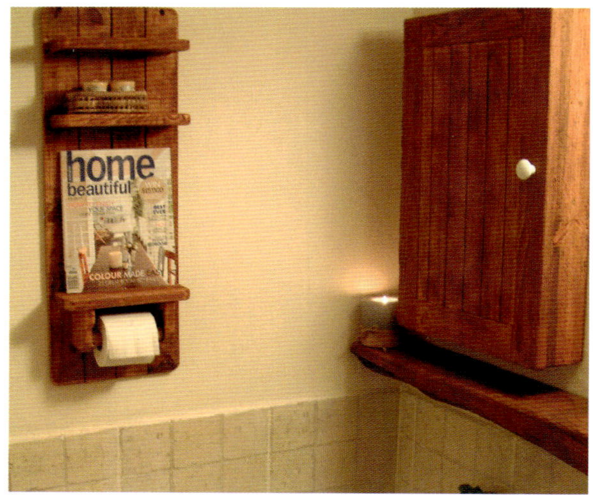

화장지 걸이에 선반기능을 첨가해 만들었어요. 잡지도 수납하고 작은 소품들 올려놓기에도 좋죠. 타일을 절반만 붙인 것은 경제성을 고려하기도 했지만, 색다른 분위기도 있고 운치 있어서 참 좋네요.

카페 같은 욕실을 바라보며…

10여 일 정도에 걸쳐 직접 작업한 보람은 역시 완성한 후에야
실감할 수 있었답니다. 한 3일 정도면 되지 않을까, 하고
겁없이 도전해서 여러번의 난관에 부딪쳐었죠.
타일을 덧발라서 두꺼워진 벽면을 고려하지 않고 변기를
설치하려다가, 나사 위치와 맞지 않아서 다시 뜯어내기도
했었고, 길게 가로지른 각목선반 때문에 사이즈가 맞지 않아서
세면대 수전을 교환한 일… 또 세면대 부품으로 사용한 연결관이
길이가 맞지 않아서 2~3차례 교환하기도 했고, 바닥 타일을 붙였다가
바닥이 고르지 않아서 거의 굳어버린 걸 다시 뜯어낸 일…
실수도 많았고 지치기도 했었답니다.
변기 하나만 설치해주는 것도 인건비가 5만원이라는 말에
인건비 좀 아껴보겠다고 무지 오랜 나날을 고생했었죠.
공사를 마친 날, 저는 남편과 함께 욕실 문앞에서 커피를
마셨답니다. 커피로 원샷 아니, 러브샷 해보셨나요? ㅎㅎ
매끈하고 번쩍번쩍 빛이나는 욕실은 아니지만,
오히려 투박하고 소박해보이는 욕실이 딱~제 스타일입니다.
제가 추구하는 정감있는 집의 모습이기도 하지요.

우리 아이들 키에는 세면대가 좀 높아서 작은 발판을 하나 만들어줬답니다.
때로는 앉은뱅이 의자가 되기도 하구요~ 욕실공사를 하고나서 저희 부부만
큼이나 큰아이가 좋아하네요. 하루어 몇 번이고 스툴을 오르락내리락 하며
손 씻는 걸 즐겨하게 됐답니다.

수건걸이 선반이랍니다. 스타일이 독특하지는 않지만 우리집 욕실 분위기에는 딱
어울리는 놈이죠. 모든 욕실가구들은 가급적이면 공간을 많이 차지하지 않게 두께
를 최대한으로 좁혔어요. 워낙에 좁은 욕실이라서 말이죠.

아이 스툴 겸 앉은뱅이 의자

사다리꼴로 경사진 구조로 만들어
안정감이 있고 흔들리지도 않도록 했구요~
타일 위에서도 미끄러지지 않도록
고무발판을 스툴 밑에 달아줬답니다.

소박한 프로방스 욕실로 변신하다

낡고 촌스러운 그린빛 타일이며 집기도 물론
마음에 안 들었지만, 무엇보다 용서할수 없는 건
바닥타일이 서로 기울기가 맞지 않아서
물이 항상 바닥에 고여있다는 점이었어요.
깨끗하고 개성있는 욕실은 기본이겠구요~
뽀송뽀송한 욕실로 만들기 위해서
단단히 보수공사를 해야겠다는 다짐을 하고,
시장조사에 착수했지요.

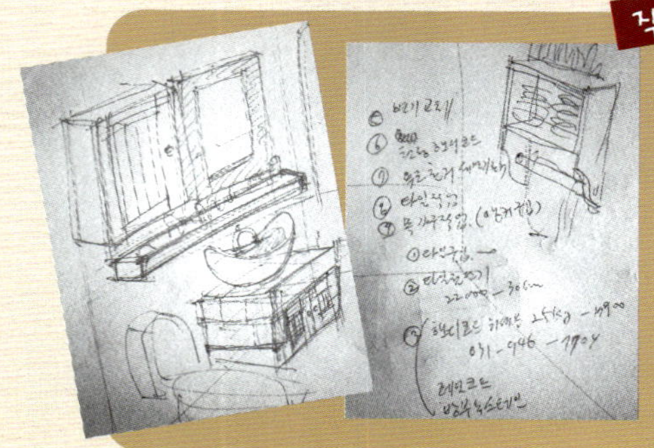

원하는 스타일을 스케치하고 필요한 항목들을 정리하기 시작했죠.
· 변기 - 비싼 비용 때문에 새로 구입하는 건 포기하고, 안방 화장실의 흰색 변기와 교체하기로 했답니다.
· 세면대 - 평범한 스타일이 싫어서 세면대장 위에 세면대를 올려놓는 스타일로 계획을 세웠구요~
· 벽면 타일 - 타일을 최대한 적게 사용해서 비용을 줄일 수 있는 방법으로 물이 주로 닿는 부분까지만
  타일을 붙이고, 나머지 윗쪽은 물에 강한 핸디코트로 작업을 하기로 결정했어요.
· 수전 - 세면대쪽 수전은 새로 교체하고 샤워기 수전은 그냥 기존 걸로 사용하기로 했어요.
  샤워기 수전이 훨씬 비싸서 아직 쓸만한 거라도 비용을 줄여야 했거든요.
· 욕실가구 - 우리집 전반적인 분위기에 맞춰서, 그리고 제 남편의 특기를 살려서 원목으로 직접
  만들기로 했답니다. 물에 강한 방부 스테인으로 칠은 하구요.

대략 원하는 스타일은 있었지만, 시장조사를 하다보면 그것도 변하기 마련이죠.

더 맘에 드는 스타일의 자재 때문에 전반적인 분위기를 바꿔가기도 하지만,

생각했던 것보다 비싼 자재 비용 때문에 공사 내용을 축소하기도 하구요.

그냥 구경삼아 자재시장을 둘러볼 때는 저렴하면서도 괜찮은 제품이 많이 보였던 것 같은데,

막상 내가 구입을 하겠다고 작정하고 나가보니 왜 이렇게 비싼 걸까요?

세면대도 10만 원 이하짜리는 눈에 보이지도 않고,

변기도 맘에 들었다하면 70~80만원대! 정말 놀랄 노자였답니다.

수전도 본래 원하는 스타일은 너무 비싸서 엄두도 못 내겠더군요.

아~ 갑자기 머릿속이 복잡해지면서 흐윽~ 포기할 건 포기하고 다시 생각을 정리하기로 했답니다.

일단! 제가 예산이 부족할 때 자주 애용하는 방법~

아예 빈티나는 느낌을 장점으로 살려서 일부러 의도한 듯하게…

단, 절대 궁상맞아 보여서는 안된다는 철칙은 지켜야죠.

그래서 우리 부부는 변기 하나 가격에도 못 미치는 공사비용으로 욕실공사를 직접 강행하기에 이르렀답니다.

유럽 어느 농가의 소박한 욕실을 컨셉트로 말이죠.

건축 자재시장엔 특별한 일이 없더라도 가끔 구경을 가는 곳들이 있어서 위치에 따른 대략적인 분위기나 가격은 알고 있었구요~
너무 많은 곳을 둘러봐도 오히려 결정이 힘들어지는 경험을 이미 해본 터라, 이번엔 짧은 시간에 운하는 스타일을 찾아야겠노라고
결심을 단단히 했었죠. 가게들이 밀집되어 있는 곳은 아니었지만, 집과 가까운 위치에 있는 시장에 나가보았답니다.
정말 마음에 쏙~ 드는 수입 타일은 너무 비싸서 비슷한 느낌의 국산 타일로 결정을 했구요~
세면대는 예산보다는 좀 비싼 편이었지만 진열상품으로 저렴하게 구입할 수 있는 기회가 있어서 참 다행이었죠.
세면대용 수전과 부속품은 윗 선반과의 거리와 연결방식 때문에 몇 번씩 다른 제품으로 교환하는 시행착오를 겪기도 했었답니다.
비용을 절감한 만큼 몸고생 마음고생은 각오를 해야했구요~ 고생한 만큼 작업을 마친 후의 보람이 더 컸던 것 같아요.
저희가 시도한 셀프 리모델링 과정 중 가장 오랜 시간이 걸린 작업이기도 했답니다.

철거작업에 들어가다~

01

02

03

실리콘을 칼로 뜯어내고 앵커(굵은 나사못)를 풀어서 세면대를 뜯어냈구요, 욕조는 실리콘을 뜯어내도 무게 때문에 꿈쩍을 안해서 그냥 무식하게 깨부수기로 했답니다.
그 충격적인 소음 때문에 인내심 강한 아랫집 할아버지께서 뛰어올라오시는 사태까지 발생을 했었죠.
변기 밑에 붙어있는 시멘트는 날카로운 것으로 콕콕 찔러서 시멘트가 부슬부슬해진 다음, 변기를 손으로 툭~ 하면 떨어집니다.
변기 밑이 저렇게 생겼네요. 저도 첨 봤거든요.
변기는 안방 것과 교체해서 사용할 계획이었기 때문에 혹시나 철거하다가 깨버릴까봐 조마조마했었답니다.

04

05

06

욕조를 철거한 후의 모습입니다. 타일도 붙어있지 않고 바닥도 움푹 패어있어서 바닥을 고르는 작업이 우선 필요했었죠. 그리고 타일이 붙어있는 자리야 기본적으로 방수공사가 되어 있었겠지만, 욕조 밑은 방수작업을 따로 해주는 게 안심이랍니다.

'일반 미장용' 이라고 쓰여있죠? 바로 시멘트랍니다.
시멘트와 방수액을 섞어서 욕조가 있던 자리를 메꿔주는 작업을 하려구요.
오른쪽에 자재 조각들은 욕조를 깨서 생긴 조각들이예요. 시멘트로 다 메꾸기에는 너무 깊은데다가 폐자재 처리도 이렇게 해서 간단하게 해결했죠.
모든 작업과정의 기초적인 지식은 욕실자재 구입처에서 물어보면 자세히 알려주신답니다.
아무나 하는 일이 아니라고 엄포를 놓는 곳도 있지만, 매사가 본인이 하기 나름 아니겠어요?
때로는 무식할 만큼 용감한 것도 좋을 때가 있더라구요.

07

08

09

시멘트와 방수재를 섞어서 욕조밑 바닥을 이렇게 평평하게 메꾸면 되구요~

하루 정도가 지나니 이렇게 색이 밝아지면서 금세 굳더라구요. 생각보다 빨리 말랐어요.

욕조가 있던 자리 옆부분도 타일이 없어서 윗쪽하고 두께 차이가 나잖아요? 그 부분을 메꾸는 용도로 사용할 싼 타일을 한 박스 샀답니다.

본격적인 벽면 작업~ ❶

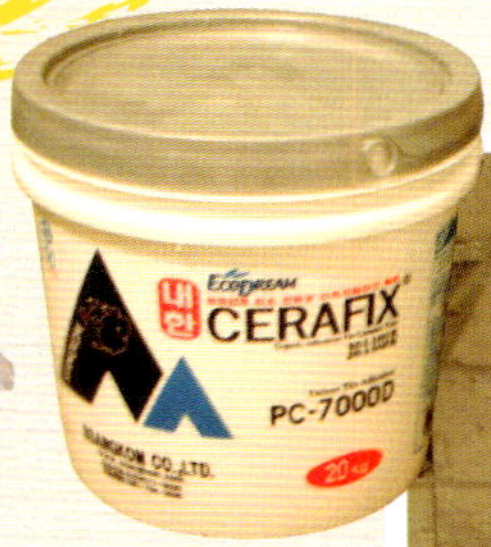
CERAFIX
PC-7000D

타일본드

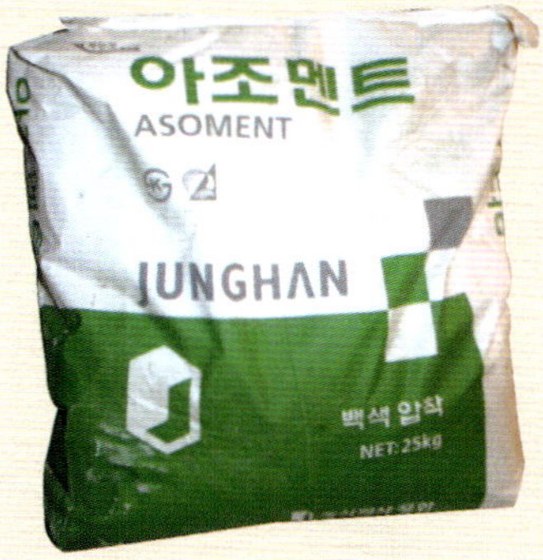
아조멘트
ASOMENT
JUNGHAN
백색 압착
NET:25kg

백시멘트

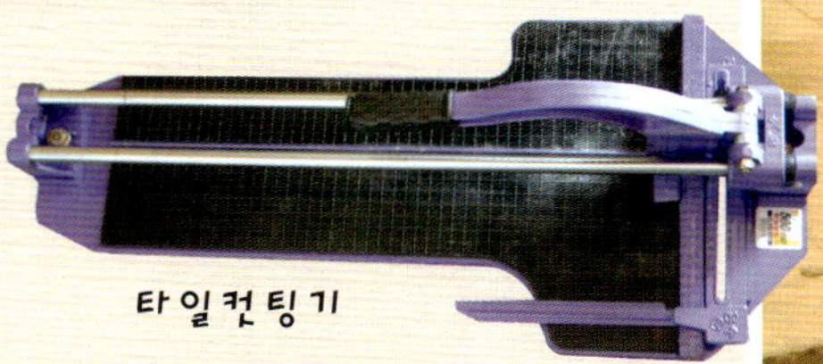

타일컷팅기

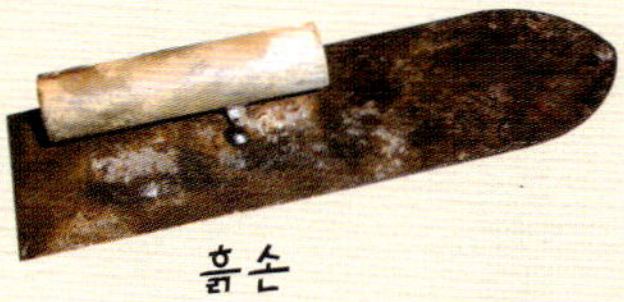

흙손

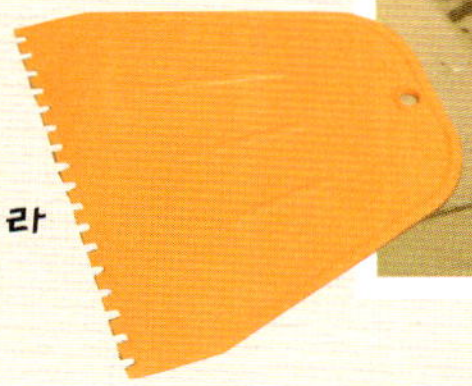

헤라

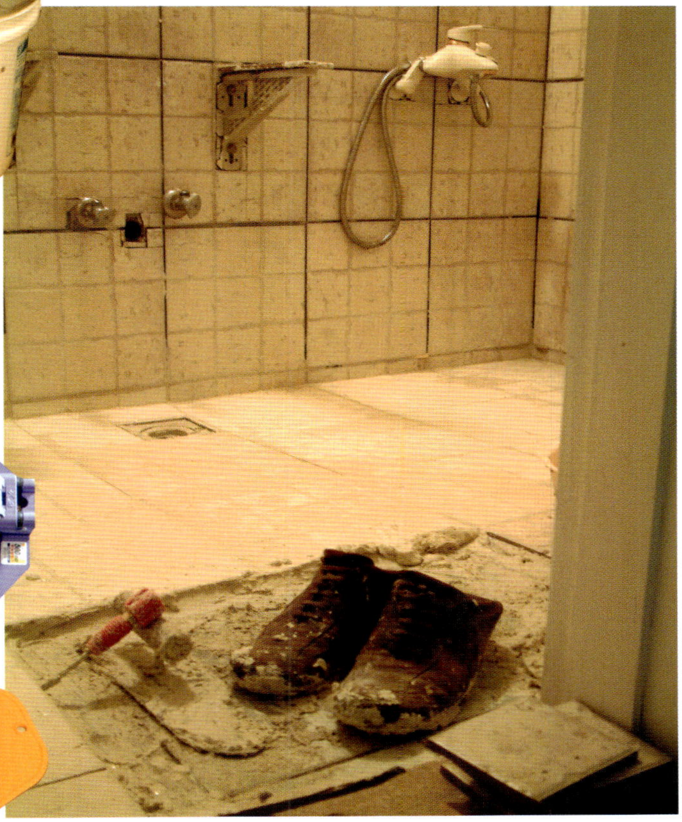

01

'헤라' 로 타일본드를 바르고 타일을 붙여주면 됩니다. 타일 사이의 간격은 자를 이용해서 일정한 두께 조절을 하면 편리하답니다. 두께도 딱~ 좋구요. 타일과 타일 사이에 플라스틱 자가 끼어있는 거 보이시죠?

02

타일본드가 무척 강력하긴 하지만, 벽면 타일은 그래도 흘러내리려는 힘이 있기 때문에 붙인 다음에 한동안 눌러주고 있는 게 안전하겠죠? 플라스틱 자를 다용도로 사용하고 있네요. 타일 흘러내리지 말라고 고정 중입니다.

03

벽면타일 붙이기 끝~ 아직도 할 일은 많지만, 미리부터 뿌듯해 하면서 몇 번을 쳐다보고 또 쳐다보고 했네요. 이제 중간에 까맣게 보이는 틈 사이를 메꿔주는 작업과 바닥타일 작업이 남아있답니다.

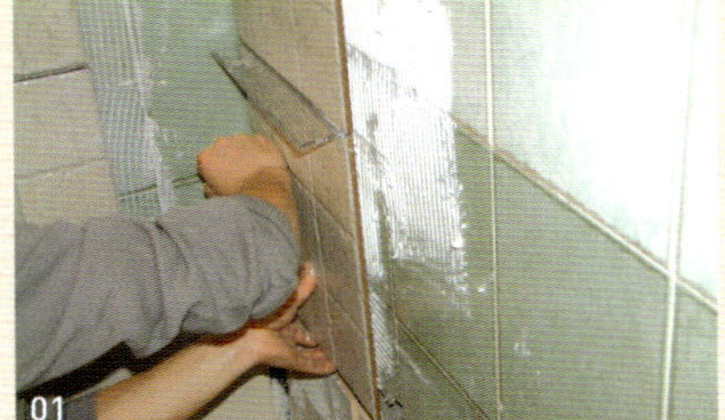

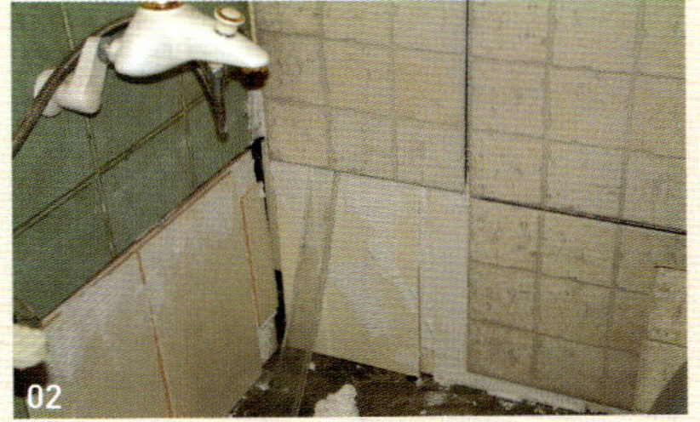

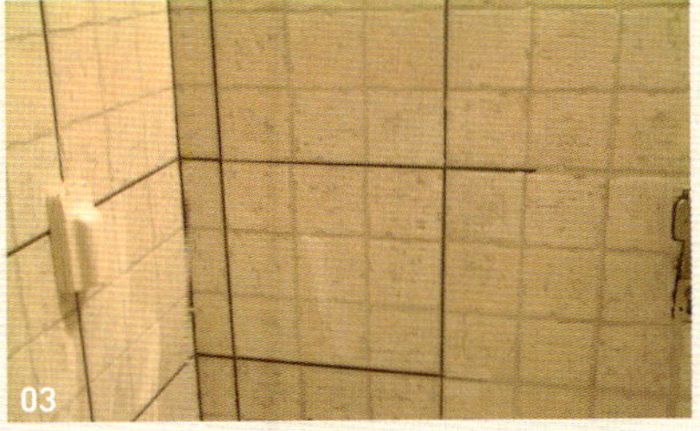

본격적인 벽면 작업~ ❷

01 우리집 욕실 바닥이 고르지 않았었다고 했었죠? 바닥만 평평했으면 그냥 벽면작업과 마찬가지로 바닥 타일 위에 본드 바르고 틈 사이에 백시멘트로 메꾸기만 했어도 될 텐데, 바닥 고르는 작업까지 하느라 시간이 많이 걸렸답니다.

02 바닥의 평평한 정도에 따라 시멘트 양을 조절해가며 바닥에 깔구요~ 타일을 붙이는 작업을 했답니다. 높낮이만 잘 조절하고, 물 빠지는 쪽으로 바닥기울기를 잘 조절해가며 타일을 붙이면 된답니다.

03 타일 붙인 사이의 틈을 메꿔주는 메지작업 중입니다. 고무헤라를 이용해 백시멘트를 발라주면 빈틈없이 시멘트가 잘 들어간답니다.

04 타일 표면에 묻어있는 시멘트는 스펀지에 물을 묻혀서 그때그때 닦아주면 됩니다. 너무 오래 두었다가 굳어버리면 닦이지 않거든요. 백시멘트도 아주 빨리 마르더라구요.

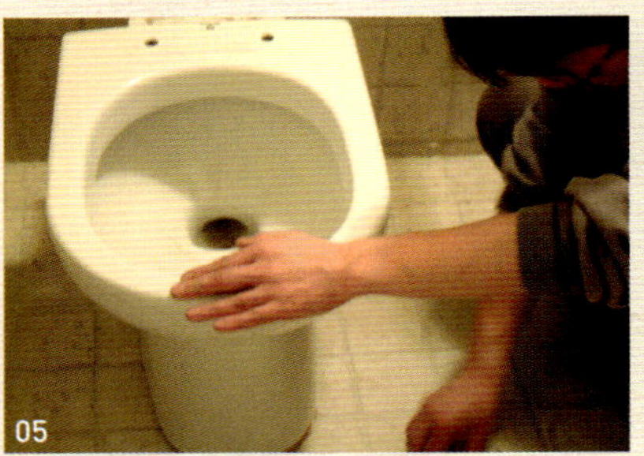

05 백시멘트가 완전히 굳고 나자, 성질이 급한 관계로 변기 설치작업부터 들어갔습니다. 변기 철거할 때 바닥에 굳혀져있던 백시멘트 조각들을 버리지 않고 잘 보관했다가 바닥 균형 맞출 때 그대로 사용했구요.

06 테두리에 백시멘트를 발라서 마지막 정리를 깔끔하게 해줬답니다.

07 타일작업은 다 끝났구요~ 이제 윗쪽벽면 핸디코트작업을 할 거랍니다. 타일쪽엔 묻지 않도록 비닐이 붙어있는 마스킹 테이프를 붙이구요.

08 천장쪽도 이렇게 워셔블 핸디코트로 작업을 했답니다. 고무해라를 이용하면 이 작업도 좀 수월해지죠.

워셔블 핸디코트?

일반 핸디코트가 아니구요~ '워셔블' 이라고 쓰여져 있죠? 물에 강한 핸디코트라서 욕실이나 부엌 등 물이 간접적으로 닿을 수 있는 곳에 사용할 수 있는 핸디코트랍니다.

집기를 설치합니다~

욕실에 들어가는 모든 가구는 남편이 직접 만들었죠.
우리가 비용을 적게 들이고 욕실 리모델링을 할 수 있었던 것 중 가장 큰
부분은 인건비를 줄이는 거였고, 나머지 비용 중 많은 부분을 차지하는
가구를 직접 만들었기 때문일 거예요.
일반적인 아파트의 욕실 스타일을 벗어나서 전원적인 느낌을 줄 수 있었던 것도
이 원목가구들의 자연스러움과 정겨움이 한몫을 단단히 하고 있는 것 같구요.
거친 듯 투박하게 만들었구요~ 욕실에서 사용할 가구들이라서 페인트칠에도
신경을 써야 했죠. 노루표 방부스테인 월넛색으로 칠을 했답니다.
판매하시는 분께서 한 번만 칠해도 효과가 좋다고 하시더라구요?
혹시나 해서 저희는 두 번 칠했답니다~^^

01
세면대에 부품을 연결하고 있는 중이랍니다.
저기에 사용한 공구는 '파이프 렌치' 라는 거예요~

02
세면대장의 윗쪽엔 관이 통과할수 있는 구멍을 뚫었
답니다. 전동드릴을 이용했구요.

파이프 렌치

일반적인 작은 렌치로는
저렇게 큰 파이프를 조립할 수가 없더라구요.
그래서 아파트 관리사무소에 가서
빌려왔답니다.

03
나머지 부속들을 연결하고 있어요. 물이 새지 않도록
꼼꼼하게 작업해야 했지요~

04
손잡이를 달기 위해서 드릴로 구멍을 뚫고 있답니다.

노하우라고 하기에는 좀 부실할지도 모르지
만, 제가 이런 방법을 나용해 보니, 참 편하
더라구요. 골판지 박스에 페인트 통을 담아서
나용하면 주변도 깔끔!

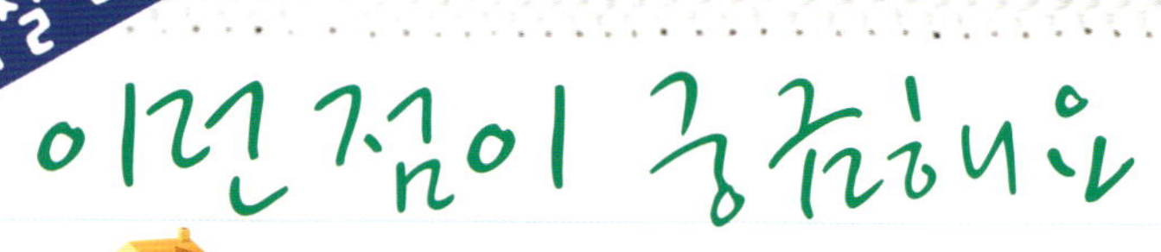

 욕실을 고치고 싶은데…

4월이면 생전 처음 제 집을 갖게 되는 주부랍니다. 집이 낡고 또 비용도 줄이고 싶어

직접 인테리어에 뛰어들려는데 아는 것이 너무 없어 인당수 앞에 선 심청이 심정이랍니다.

어제 처음 타일 가게도 가봤어요. 견적내는데 벌써 진이 다 빠져 버렸지요.

외국산 타일이 비싸다는 건 알겠는데 왜 그렇게 인건비가 비싼지요.

혜나네 욕실이 생각나 직접 해볼까 생각 중입니다.

저 같은 초보도 할 수 있을지요? 타일은 기존의 타일 위에 덧붙이라고 하더라구요.

또 욕실 개조하실 때 다 떼어낸 욕조와 세면대 등은 어떻게 처리하셨는지요?

폐기물이라 처리가 좀 힘드셨을 듯한데요. 방수시멘트 처리는 확실한가도 궁금하구요.

용기를 주세요.

 모두가 처음엔 초보랍니다~^^

저도 마찬가지고 어떠한 전문가도 초보시절은 있는 거죠.

그게 두려워서 시작을 안하면, 항상 초보가 되는 거구요.

시도를 하면 이제 경험이 풍부한 사람이 되는 거죠.

저희도 이번 욕실공사 때 처음으로 타일을 붙여봤답니다.

초보였죠.

욕실에 방수작업도 처음으로 해보구요. 욕조 깨부수는 것도 처음으로 해봤답니다.

방수페인트도 처음으로 칠해봤구요.

물론 여러가지 시행착오를 겪었고, 공사하시는 분들의 인건비가 결코 비싼 게 아니라는

착한(?) 생각까지 하기에 이르렀죠.

자재 구입하는 곳에서도 설명을 잘 해주실 거예요.

직접 작업해보면서 부딪혀가며 배우는 게 좋구요.

타일 붙이는 게 은근히 시간이 많이 걸려서

저희도 사람을 부를 걸 그랬나 후회했었답니다.

타일 아저씨들은 하루면 작업 다 끝내시잖아요?

저희는 며칠이 걸렸는지 몰라요~

욕조는 망치로 깨서(너무 무거워서 그냥 떨어지지가 않더라구요)

부순 다음에 일부는 욕조 밑 비어있는 공간에 방수작업하면서 시멘트와 같이 파묻었구요,

나머지는 쓰레기로 잘 버리시면 됩니다.

방수작업은 타일이 붙어있는 곳은 하실 필요가 없답니다.

욕조를 떼어낸 자리에는 방수작업이 안되어 있을 가능성이 크기 때문에 그곳만 해주시면 돼요.

일반 시멘트에 방수액을 섞어서 잘 버무려 작업하시면 된답니다.

 **욕실 문의 드릴게요.**

우선 님 하우스 구경하고 입이 딱 벌어졌습니다.

아직도 안 다물어지네, 파리 들어갈라!!

이번에 이사가는데 정말 제일 하고 싶은 곳이 화장실하고 싱크대더라구요.

무슨 일이 있어도 이 두 개는 꼭 하고 들어간다고 했는데 그놈의 머니관계로 결국

화장실 포기했거든요.

타일코팅도 알아보고 했는데 가격이 만만치 않더라구요.

직접 하려고 여기저기 둘러보고 물어보면 다들 안된다고만 하시고,

님이 하신 거 보고 용기 가지고 저도 해볼라구요.

신랑 저녁 때 오면 혜나님 하우스 보여주고 같이 하자고 졸라야겠습니다.

몇 가지만 궁금한 거 질문 좀 드릴게요.

저희는 바닥에 그냥 타일 덧붙이려고 하거든요.

그럼 그냥 타일본드로 붙이기만 하면 되나요?

그럴 경우 바닥이 올라오는데 하수구는 어떻게 해요?

그리고 벽은 기존타일 위에 붙인 건가요?

변기는 뗀 거 같은데 변기는 어떻게 하신 거에요?

너무 주저리주저리 질문이 많아 죄송해요.

근데 두 분도 정말 아무것도 모르는 초보이신데 하신 건가요?

# 힘들지만… 보람된 DIY!

이사는 이미 하신 건가요?

욕실코팅도 만만치 않은 가격이죠.

뭐든 인건비가 붙는 건 그렇다고 봐야 하구요~

욕실 공사도 철거나 타일작업이나 설치나 모두 전문가가 따로 있긴 하지만,

알고보면 직접 할 수 있는 일도 있는데 시도하기에 겁이 나서 망설이게 돼죠.

저희는 좀 무식하게 용감무쌍한 스타일이라… ㅎㅎㅎ

돈 좀 아껴보겠다고 그냥 덤벼들었는데요~ 정말 많이 힘들었답니다.

지금은 지났으니까 말인데, 타일 아저씨들은 하루면 다 끝날 작업을

저희는 3일 동안 하고 있었으니까요.

타일만 3일이고 철거하고 욕실가구 만드는 거나,

설치하고 그러는 것까지 ~ 오랜 나날 동안 무지 심란했었죠.

바닥타일은요~ 기본적으로 기존타일의 높낮이가 문제가 없다면 타일 본드로 붙인 다음에 잘 말리고,

백시멘트로 틈을 메꿔주는 작업만 하면 되는데요.

저희 욕실처럼 바닥이 울퉁불퉁 되어있는 상태라면,

아예 시멘트로 고르게 만들어 준 다음에 그 위에 타일을 붙이고 메지 작업을 해주시는 게 좋답니다.

본래 바닥이 울퉁불퉁 작업되어 있어서 물이 항상 고여있는 자리가 있었는데요~

저희가 이번에 보수를 하고나선 바닥이 항상 뽀송뽀송하답니다.

기존 타일 위에 타일을 덧붙이면, 당연히 두꺼워지죠.

배수구쪽도 시멘트로 자연스럽게 도톰하게 해 준 다음에 물 빠지는 철물을 위에 얹으면 돼요.

벽도 기존 타일 위에 붙인 거구요.

대부분 욕실 리모델링은 기존 타일 위에 붙이는 방식으로

작업한답니다. 기존 타일을 다 깨는 철거작업이 너무 시끄럽고 번거롭기 때문이죠.

변기도 뜯어보니 간단한 구조더라구요.

변기 아랫쪽 받침 있잖아요? 저는 그게 그 모양대로 구멍이 파져있는 줄 알았는데,

뜯어보니~ 가운데 동그란 구멍만 있고 바닥에도 그 정도 사이즈로

동그란 구멍이 있어서 그 홈에 맞게 다시 끼우면 되더라구요.

그리고 지금 현재 백시멘트로 마감되어 있는 것은 집에 있는 공구들 총 동원래서 뜯은 거랍니다.

한쪽만 뜯어지면 나머지는 굳어있는 시멘트가 연달아 떨어지기 때문에 그리 어려운 작업은 아니구요.

답변이 다 됐나 모르겠네요~

막상 하다보면 요령이 생기더라구요. 도전해보세요!

욕실 핸디코트요?

감각이 대단하시고 예쁜집 부럽습니다. 처음와서 무작정 질문 먼저 합니다.
욕실 타일 위에 핸디코트가 발리나요? 아니면 타일은 드러내야 하나요?
제가 지금 이사갈 집 인테리어를 해야 하거든요. 저렴하게….

타일 위에 그냥 바르세요~

저희는 그런 고민 안하고 그냥 발랐는데, 저희가 겁이 없긴 없나보네요^^
타일을 뜯어내면 대공사죠.
직접 하실 건가요? 하면서 느낀건데요.
만약에 사람을 불러서 한다면, 전체 다 타일 붙이는 거나 핸디코트 바르는 거나
인건비가 더 들면 더 들었지 절감은 안되겠다는 생각을 한 거죠.
핸디코트 바르는 게 더 힘들어요(재료비만 덜 들뿐이죠).

욕실선반 문의?

프로방스카페에서 욕실공사 원목선반을 보았는데요. 어떻게 부착했는지 무지 궁금해서요
헤나하우스 즐거운 감상했구요. 그저 놀랄 따름입니다.

욕실 선반은요…

뒷쪽에 거울 등에 부착하는 고리 있잖아요?
그걸 선반 뒷쪽에 두군데 나사로 고정한 다음,
벽에 구멍 뚫고 나사못으로 걸었구요~
고리는 선반 윗쪽으로 보이지 않게 숨겨 달면 감쪽같답니다.

욕실 수건선반이예요.
평범하지만, 우리집 욕실구조에
딱 맞는 크기와 기능을 갖춘 선반이랍니다.

미송원목 사용／월넛칼라 방부 스테인으로 도색

06년 제작

싱크대를 리폼하면서 상부장을 없애고, 부담스럽지
오래된 정미소를 철거하면서 뜯어낸 고재를 이용해
세월의 흔적으로 자연스럽게 퇴색된 칼라가
투명 우레탄 락카로 마감칠만 해줬어요.

우 리 집 선 반 들

싱크대 정면 상부장을 없애면서, 부족한 수납기능을 보충하기 위해
만든 선반이랍니다. 기역자 싱크대 한편에 상부장과 하부장 사이에
두개를 나란히 걸어두고, 자주 사용하는 그릇들을 수납하는
용도로 사용하고 있어요.

미송원목／수성페인트／투명 우레탄 락카

06년 제작

욕실 정면을 가로지르는 각목선반이예요.
두툼하고 투박해 보이는 느낌이 매력적인 선반이죠?
공사장에서 흔히 사용하는 각목을 주워와서 불로 그을리고
검게 탄 부분을 쇠솔로 긁어내는 방법으로
자연스런 나무결을 살렸답니다.

각목／방부스테인

06년 제작

않은 크기의 컵선반을 만들어 달았답니다.
만든 선반이라 칼라나 질감이 독특하답니다.
마음에 들어서 따로 색을 입히지는 않았구요~
우리집 주방에 개성을 한껏 불어 넣어주는 선반이죠.
고재/투명 우레탄 락카

05년 제작

욕실 화장지걸이
선반이예요.
단순하게 화장지만
걸어두는 용도에
수납기능을 보태어
잡지나 욕실용품들을
올려둘수 있도록
만들었어요.
미송원목/방부스테인

06년 제작

모 두 모 두 모 여 라 !

04년 리폼

아이방에서도 소개되는, 서랍을 재활용한 선반이예요.
손잡이 부분과 앞판을 떼어내고 몸통만을 살려서 만들었구요~
아크릴 물감으로 칠을 하고, 안쪽에 폼보드지에 원단을 씌워서
본드로 붙였답니다. 벽에 고정할 때는 거울이나 액자용 걸이로
사용하는 철물을 이용하시면 됩니다.
서랍/아크릴물감/폼보드지/원단/걸이용 철물

04년 리폼

피아노 위 벽면에 부착해서 CD를 수납하는
용도로 사용하는 선반이예요.
이것 또한 버려진 서랍 두개를
연결해서 만든 선반이랍니다.
서랍/아크릴 물감 초코색/걸이용 철물

나들이 장소 | 선유도 공원

bed room

손님을 맞이하는 거실이나, 거실만큼 개방된 주방에 비해
침실은 신경을 덜 쓰던 곳이었죠.
그저 편하게 휴식을 취하고 잠을 자는 공간으로서의 기능만
충실히 할 수 있다면, 그걸로 만족했으니까요.
도배도 하지 못하고 이사 들어오던 당시 그대로
얼룩진 벽면을 바라보면서…
이제는 침실도 꽃단장 해보기로 결심했답니다.

창만 바꿔도 침실의 느낌이 확~달라집니다!

여자라면 누구나 로맨틱한 침실을 꿈꿔왔을 겁니다. 돈 들이지 않고 짠돌이로 집을 꾸며온 저도 예외는 아니랍니다.

그렇다고 큰돈 들여 침실 전체를 바꿀 수는 없고…. 그래서 내린 결론이 창문의 풍경을 바꾸는 것이었습니다.

늘 커튼으로 숨겨왔던 모습이 어떻게 변했을까요. 궁금하시죠?

아~ 창만 바라보고 있어도 기분이 좋아져요. 남편은 창이 제 기능을 못하는 데 모양만 예쁘면 뭐하냐고 투덜거리는데요. 그래도 여자의 마음은 그게 아니랍니다. 활짝 열리는 창이 아니면 어때요? 외풍도 막아주고 침실을 아늑하게 만들어주는 걸요.

아마 어른들이 보셨으면 왜 멀쩡하고 좋기만 한데, 요상하게 바꿨느냐고 말씀하실지도 모르겠네요^^
몰딩이며 창틀 색상도 솔직히 마음에 안 들었지만, 나름대로 그 분위기에 어울리게
코디해가며 사용했었는데요~ 저 전통격자 무늬만큼은 어쩔 수가 없었죠.
나름대로의 해결책이라는 게 항상 커튼을 쳐서 감추는 것이었구요.
창틀에 시트지를 붙여보기로 했답니다. 저 창호 무늬를 교란시키기 위해 유리에는 시트지를
격자 모양으로 붙이고, 몰딩까지도 일관성있게 시트지로 붙이는 작업을 했어요.
페인팅 작업이 더 영구적인 리폼 방법이라는 개인적인 생각을 가지고는 있었지만,
매일같이 잠을 자야하는 침실인지라 페인트칠은 냄새도 문제고, 작업과정도 심란하기만 했었으니까요.
마트에서 흰색 시트지를 3롤 정도 구입했답니다. 어느 정도 필요한지 가늠이 되지 않아서
일단 붙여본 다음, 부족한 만큼 다시 구입하기로 하구요.

시트지와 덧문으로 색다른 창문 연출하기

찾다보면 큰돈 들이지 않고 집을 바꿀 수 있는 방법이 많이 있어요. 창도 집안 분위기를 크게 좌우하는 요소 중 하나인 것 같아요. 시트지와 원목합판으로 창을 확~ 바꾸는 방법을 소개해 드릴께요.

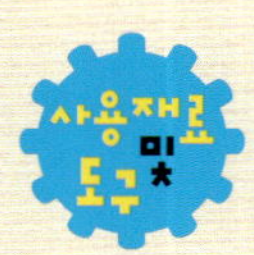

백색 우드목 시트지, 자,
커터칼, 미송합판 12㎜,
백색 유성 에나멜

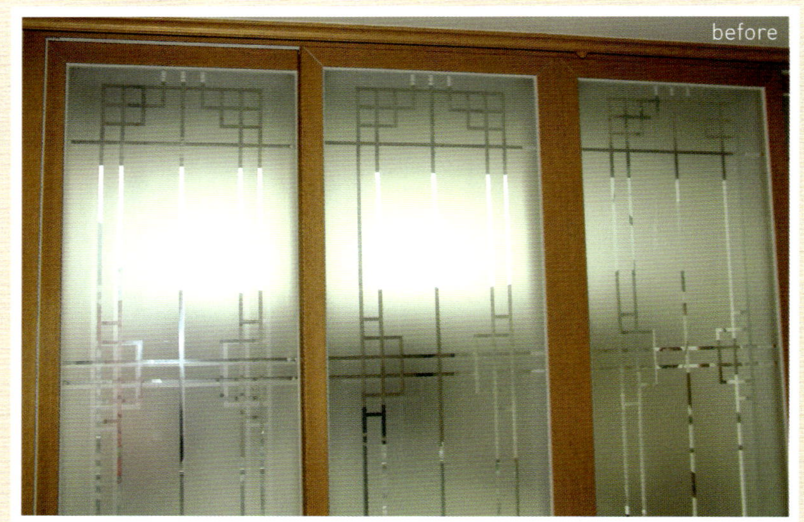

변신과정

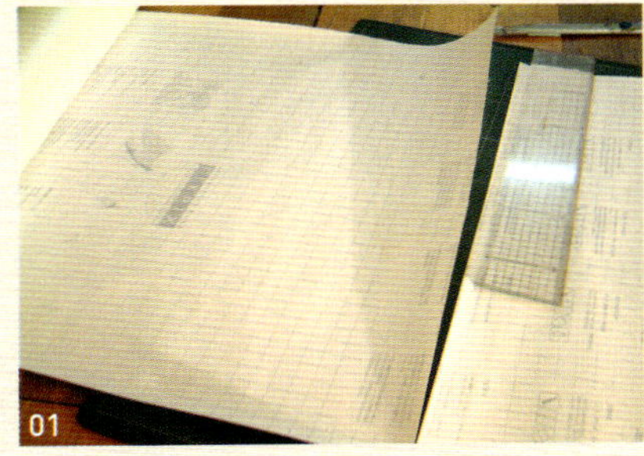

01 시트지 뒷면에 모눈종이처럼 눈금이 있죠? 원하는 사이즈대로 그 선을 따라 자르면 된답니다.

02 창틀 시트지 작업은 구석구석 깔끔하게 붙이기 위해서 이렇게 창을 떼어놓고 작업을 했답니다.

03 몰딩과 창틀 두 짝에 시트지를 다 붙여줬구요, 시트지를 길게 잘라 붙여서 창호무늬가 중간중간 가리도록 격자무늬 효과를 냅니다.

04 창틀을 붙인 다음, 몰딩에 시트지를 붙이는 과정입니다.

05 몰딩에 곡선이 있어서 평면보다는 붙이기가 까다롭지만, 그래도 불가능은 없습니다~ 홈이 패어있는 부분은 손가락 끝으로 문질러가며 들뜨지 않도록 붙여줬어요.

06 아무리 꼼꼼하게 붙이더라도 중간중간 시트지가 들떠서 볼록하게 작은 혹이 생기는 경우가 있을 거예요. 그럴 때는 칼끝이나 바늘로 꼭~ 찔러서 공기를 빼주고 손톱 끝으로 문질러주면 됩니다.

07 외국잡지에서 마음에 들어 스크랩해뒀던 사진처럼 덧문을 만들고 있답니다. 우리 남편… 본인의 스타일이 아니라고 투덜거리더니, 그래도 예쁘게 잘 만들어 줬답니다.

08 만드는 과정에 미리 밑칠을 해두면 나중에 손이 덜 간답니다. 이번엔 백색 유성 에나멜 페인트를 칠해봤어요. 수성페인트보다 냄새가 좀 독하기 때문에 환기가 잘 되는 곳에서 말린 다음 설치했어요.

09 덧문은 마무리 작업을 해서 두 번 정도 다시 페인트칠을 했구요~ 창이 움직이는 창틀 부분이 아닌, 바깥쪽 전체 프레임의 양쪽에 덧문을 붙였답니다. 나사못으로 바깥쪽에서 네 귀퉁이를 박아줬답니다.

시트지 작업에 재미붙여 벽지 위에도 도전~!

휠씬 더 분위기 있어진 침실 풍경입니다.
시트지가 약간 채도가 낮은 푸른빛이라서
초묘색의 침대나 라탄서랍 화장대와도 잘 어울리죠?
침대 위 빈 벽면에는 예전에 소파 뒤에 조르르~
걸어뒀던 액자들을 꺼내서 걸어봤어요.

이 시트지 참 매력적이네요.
물론 무늬며 색상도 마음에 들어 선택했지만,
무늬가 너무 잔잔한 건 좀 불만이었거든요.
벽면에 붙이면서… 이 시트지를 선택하길 참 잘했다고
생각한 결정적인 이유는요~
이음새가 거의 표시가 안난다는
아주 크나큰 장점을 가졌더라구요?
폭이 좁은 시트지라서 서로 겹쳐지는 이음새 부분이
많이 보기 싫지 않을까 걱정을 했었거든요.
오히려 단색이라면 표시가 더 많이 났을지도 모르지만, 잔잔한 무늬가
어떤 식으로 겹치더라도 어색하지 않고 전혀 표시가 안나는 거예요.
제가 꼼꼼하게 작업하셔야 한다는 걸 자꾸 강조하기는 하지만,
이런 무늬의 시트지는 약간 덜렁대는 분들도
수월하게 작업하실 수 있겠네요.

변신과정

재료비
3만 5천원

한참 페인트칠에 재미붙여 밥 먹는 것조차 깜빡
잊어버릴 정도였는데, 몰딩 위에 시트지 한번 붙여본 후,
시트지 작업에 퐁당~ 빠졌나봐요.
거실은 일년 전에 페인트칠도 하고 벽지도 제가 새로 붙였는데
침실은 전혀 손을 안댄 상태였거든요.
깔끔해진 몰딩을 보니 누런 벽지가 또 거슬려서
급기야… 또 한번 일을 벌이기로 했답니다.
공들여 만들어 놓은 덧문이 돋보이기 위해서는 배경이 되는
벽지가 색이 좀 진했으면 좋겠다는 바람이 있었거든요.
마트에 장 보러 갔다가 발견한 은은한 무늬의 시트지!
무늬가 너무 튀지도 않으면서 고상한 게
마음에 들어 선택했답니다.
벽지가 색상만 누래졌을 뿐 특별히 찢기거나 마모된 곳이
없기 때문에, 기존 벽지 위에 시트지를 덧붙였답니다.
작업도 쉽고 표면도 매끈해서 관리도 쉽겠더라구요.
페인팅이나 벽지 붙이는 작업이 번거롭다고 생각하시는 분들에게
딱~ 권해주고 싶을 정도로, 저 아주 흡족해하고 있어요~
서울 기준으로 자꾸 말씀드려서 죄송하지만, 을지로 4가
방산시장쪽에 가면, 시트지도 아주 다양하고 저렴한 게 많이
있거든요? 싫증난 벽면을 바꿀 때, 이제 시트지를 이용해 보세요.

몰딩만 흰색 시트지로 붙여놓은 상
태랍니다. 사진상으로 그래도 깔끔
해 보이지만. 세월이 흐르다 보니,
벽지도 얼룩이 지네요.

덧문을 돋보이게 할 시트지를 붙였답니다. 너무 진한 색상은 자칫 방
을 어두워 보이게 할 수도 있으니까, 최대한 색상이 연한 시트지를
골랐구요, 단색보다는 은은하게 무늬가 있는 걸로 선택했죠. 사진으
로는 파스텔톤 단색으로 보이는데 이런 걸 병치혼합이라 하는 거 맞
죠? 바탕색과 무늬색상이 만나서 중간색의 한톤으로 보이네요.

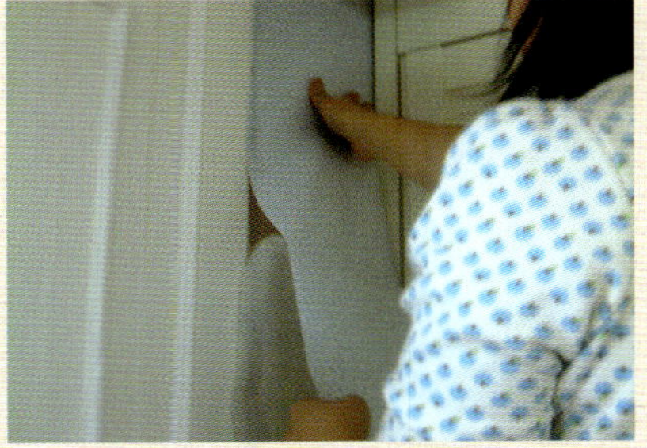

뒷면 종이만 떼어내고 손바닥으로 문질러가며 붙여주
기만 하면 됩니다. 중간중간 볼록하게 공기가 들어가
지 않도록 꼼꼼하게 문질러 주시구요~그래도 기포자
국이 생기면, 몰딩 붙일 때처럼 칼끝으로 쿡~ 눌러서
손톱으로 문질러주세요.

벽만 바꿔서 분위기 전환에 성공했어요!

그러고 보니 침실은 온통 시트지 천국이네요. 창틀, 몰딩, 벽면까지…
벽지 위에 시트지를 붙이면서 시트지에 매료되었던 제가, 이제 다른쪽 벽면에도 변화를 좀 줘보려고
방산시장(을지로 4가)에 다녀왔답니다.
침대 주변에 붙였던 시트지보다 좀더 무늬가 크고 시원시원한 느낌을 주는 패턴을 상상하면서 말이죠.
일단, 한쪽벽을 청색계통 잔패턴으로 선택했으니, 그쪽과 조화를 이루는 컬러여야 한다는 기본 전제하에 말예요.
상상은 좀 구체적인 게 좋아요. 막연하게 청색 계통에서 아무거나 어울리면 된다고 생각하고 나갔다가는,
막상 여러가지 제품들 보게되면 쉽게 결정을 내리기가 쉽지 않답니다. 전에 붙였던 시트지가 워낙~
무늬가 잔잔하기 때문에 멀리서 보면 그냥 단색처럼 보여지는 경향이 있어서 그게 좀 아쉬웠거든요.
그래서 다른쪽 벽면은 흰색 바탕이 좀 많으면서 채도 낮은 청색계통… 큼지막한 꽃에 초록색 이파리가 달려있으면
단조롭지도 않아서 괜찮겠다는 생각을 했지만, 과연 제가 상상하던 것과 비슷한 제품이 있을까요?

혜나's made files

제가 찾았던 이곳에서 제 머릿속에 그리던 것과 거의 일치하는 시트지를 찾았답니다.

마트에서 취급하던 제품과 동일한 패턴의 시트지도 있었지만, 같은 제품이라도 폭이나 길이가 좀더 다양하더군요.

제가 고른 시트지랍니다. 나무색 바닥재와도 잘 어울리죠? 로맨틱한 분위기나 내추럴한 분위기나 어느 곳에서도 잘 조화를 이뤄줄 만한 제품인 것 같아요.

컨센트 부분 처리도 깔끔하게~

앞에서 시트지 붙이기에 대한 설명은 드렸으니 생략하구요. 그리고 특별한 노하우가 있거나 그런 것도 아니에요. 누구나 쉽게 붙일 수 있으니 자신감을 가지고 도전해 보세요. 조금만 더 꼼꼼하고 깔끔하게 붙이겠다는 결심만 가지고 말예요. 컨센트나 스위치쪽도 깔끔하게 마무리해야겠죠. 바깥쪽 겉커버만 벗겨내고 사진처럼 시트지를 도려내어 붙인 다음에, 커버를 다시 씌워주면 된답니다. 벽지를 붙일 때나 패브릭을 붙일 때도 이 부분은 마찬가지로 작업하면 됩니다.

하단 처리는 어떻게 하죠?

정확하게 길이를 재서 정확하게 잘라내면 하단 마무리도 깔끔하게 떨어질 것 같지만, 막상 붙이다보면 시트지가 살짝씩 늘어나기 때문에 약간 여유있게 잘라서 붙인 다음에, 플라스틱 자를 대고 그어주면 일정한 높이만큼 여분을 남기고 깔끔하게 잘라지게 됩니다. 몰딩이나 걸레받이가 둘러져 있는 경우도 마찬가지구요~

벽지와 시트지 중에서 망설이신다면...

저의 작업과정을 보고, 벽지가 좋을지 시트지가 좋을지 고민 중이시라구요? 순수하게 벽지 가격과 시트지 가격만을 비교한다면 시트지가 다소 비싸게 느껴질지도 모르겠네요. 벽지도 실크벽지 등 고급스러운 정도에 따라 천차만별이고, 시트지도 수입시트지는 많이 비싼 것도 있지만, 작업과정을 생각한다면 결론적으로 시트지가 더 편하더라구요. 제가 벽지 도배도 직접 해봤지만, 아무래도 풀을 사용하는 거라 공간도 많이 차지하고 번거로웠거든요. 도배를 직접 하는 게 아니라, 전문가를 불러서 작업하시는 거라면 인건비에 대한 비중도 상당하구요. 그렇다고 해서 집 전체를 다 시트지로 도배하기엔 시중에 구할 수 있는 시트지 종류가 그리 다양하지는 않지만, 부분적으로 분위기를 바꾸고자 할 때 유용할 것 같아요. 한참 유행했던 패브릭 포인트 벽에 비해서도 오히려 시트지가 저렴하고 관리도 쉬울 겁니다. 최근에 벽돌 모양이나 원목무늬 등 시트지도 점점 다양화 · 고급화되고 있어서 DIY 매니아로서 한없이 기쁘답니다.

주방에서 비닐봉지를
담아두는 용도로
사용하려고 만들었답니다.
안쪽에 누빔지를 덧대어
아주 튼튼하죠.
안감도 잔잔한 꽃무늬로
변화를 줬어요.

울 아이 노란방에 어울리는
노란 수납 가방이예요.
얇은 면 원단으로
만들었기 때문에
안쪽에 패딩솜을 대서
모양이 잘 살아나도록 했구요~
아이들 자잘한 장난감
수납하기에 그만 이예요.

우 리 집   가 방 들

내가 직접 들고 다닐
생각으로 만들었는데
기저귀 가방스러워서 고민 중임!
그래도 정성으로 원단들을 연결하고
누빔지 대고, 단추까지 달아서
정이 많이 가는 가방이에요.

작아서 입을 수 없는 청자켓을
이용해서 만든 가방이에요.
코디만 잘하면 참 멋질 텐데,
쥔장 아줌마의 촌스런 스타일 때문에
빛을 못보고 있는 가엾은 가방.

싱크대 손잡이에 걸어두고,
일회용 비닐장갑이나
비닐팩을 수납하는 용도로
사용하는 가방이에요.

빨간색 체크 원단과 빨간색 잔꽃무늬
원단을 연결해 만든 주머니 가방이에요.
딸러미 소풍갈 때 간식이랑 도시락 넣는
주머니로 사용하려고 만들었구요,
마끈으로 끈을 만들었더니
내추럴한 느낌이
한결 더해지네요.

모 두 모 두 모 여 라 !

5년 쯤 전에 만들었던 수납주머니에요.
사진 정리하다가 이 사진을 발견했네요.
저는 주방 선반 밑에 걸어두고
약봉지를 넣어두는 용도로
사용했었는데요~
아이들 실내화 주머니나
여행할 때 소품들 정리하는 가방으로
활용하시기에도 좋아요~

린넨 원단으로 만든
큼지막한 가방이에요.
날씨가 더워지면 이렇게
큰 사이즈 가방이
더욱 잘 어울리는 것 같아요.
장바구니로도 좋구요,
아이들과 외출할 때
여벌 옷을 담는 용도로도
그만이랍니다.

겉감과 속감원단, 그리고
끈으로 사용할
원단을 잘라서 준비하구요~

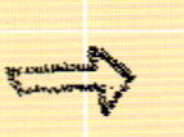 

원단의 표면쪽에서
끈을 그림처럼
박음질해서 고정하고~

겉감과 속감원단의
표면이 서로 마주보게
놓고~

그림처럼 양쪽을 박음질합니다.

하단의 양쪽 모서리를
납작하게 눌러서
그림처럼 박음질하면~

 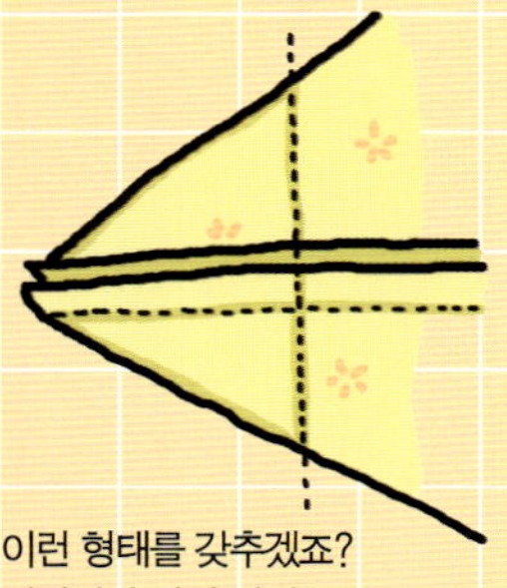

이런 형태를 갖추겠죠?
뒤집기만 하면 완성!

원단을 길쭉하게 잘라서

원단 표면이 안쪽으로
가도록 절반으로 접구요~

양쪽을 박음질한 다음,

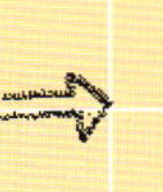 

윗부분을 두 번 말아서
끈을 박음질하세요.

옷핀을 이용해서
구멍사이로
끈을 끼워 넣으세요.

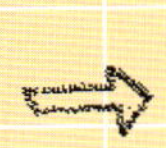 

완성된 모습이랍니다.

나들이장소 | 선유도 공원

Part 05

children's room

큰애가 아주 어렸을 때 이미 지목해둔 아이방은
장난감을 정리해두거나 아이옷을 보관하는 공간이었을 뿐이었어요
아이가 자라면서 이제 자기만의 공간에
애착을 가지기 시작하더라구요.
아빠에게 이층 침대를 만들어 달라고 조르는
이들 녀석에게. 이제 좀더 넓은 세상을 보여줘야겠어요.
아이와 함께 아이방도 쑥쑥 자라납니다.

작지만 화사한 아이방 꾸미기

하루가 다르게 자라는 아이와 함께 예쁜 꿈들이 쑥쑥 자랄 수 있도록 공간배치와 놀이 공간도 배려했습니다.

우리손으로 직접 페인트 칠은 물론, 곳곳에 엄마의 손길이 스며있기에 더욱 사랑스러운 공간입니다.

A WOMAN WHO REPAIRS HER HOUSE
A MAN WHO DECORATIONS HOUSE

큰애가 태어날 때부터 사용하던 아이 침대도 동생에게 물려줘야 했었고,

이제 혼자만의 아지트도 필요하겠다 싶었서 아이에게 어울릴 만한 공간을 구상하기에 이르렀죠.

아이방으로 지목된 곳은 거의 북향인데다가 다용도실과 연결되는

작은 창문만 있어서 채광도 그리 좋지않은 좁은 방이었답니다.

다행히 예전에 살던 사람이 만들어놓은 붙박이장 덕에 따로 옷장이 없더라도 어느 정도 수납은 해결해 줄 수 있었죠.

좁은 방이기 때문에 가구는 최소한으로 줄이고, 밝아보일 수 있는 방법을 우선적으로 찾기로 했답니다.

오래돼서 지저분한 누런 벽지 위에 하얀색 페인트를 바르고, 환하고 발랄해보이는

노란색을 포인트로 사용하기로 했어요. 큰애 성격이 그리 활달하지 못하고 소심한 면이 많아서,

방 분위기에서라도 작은 변화를 찾아봐야겠다 싶었거든요.

필요한 소품과 침구들은 원하는 컬러톤에 맞춰서 미리 만들어서 준비해 뒀구요~

본격적인 리모델링 작업은 둘째를 낳고 출산휴가 동안 일을 벌이기에 이르렀답니다.

제가 둘째를 낳고 첫째 때에 비해 오히려 예전 몸무게에 가깝게 회복될 수 있었던 비결!

바로 페인트칠을 하면서 자연스럽게 운동량이 늘어난 덕분이 아닌가

생각했을 정도로 끊임없는 몸놀림을 했답니다.

우리 집의 모든 공간이 우리 부부의 손길이 닿지 않은 곳이 없기는 하지만, 아이방은 특히 제가 정성을 많이 쏟은 곳이랍니다. 벽면은 하얗게 페인팅하고 서랍을 리폼해 아이와 함께 선반을 만들었죠. 마침 아파트 앞에 버려진 책장이 있어서 흰색으로 리폼해서 아이책과 장난감을 정리하는 책장으로 사용하기로 했답니다.

화사한 벽면 페인팅

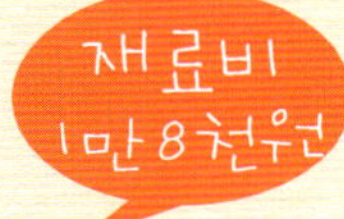

본래 벽지 상태가 이랬었답니다. 누르스름한 벽지에 중간 띠 벽지는 거의 다 들떠 있었구요~ 예전에 살던 사람들도 아이방으로 사용했었는지, 아이들 손때 자국이 여기저기에 보이는 상태였었죠. 그렇잖아도 좁고 어두운 방이 더 칙칙하게 느껴지는 주요한 원인인 벽지부터 환~하게 바꿔야겠다고 결심했답니다.

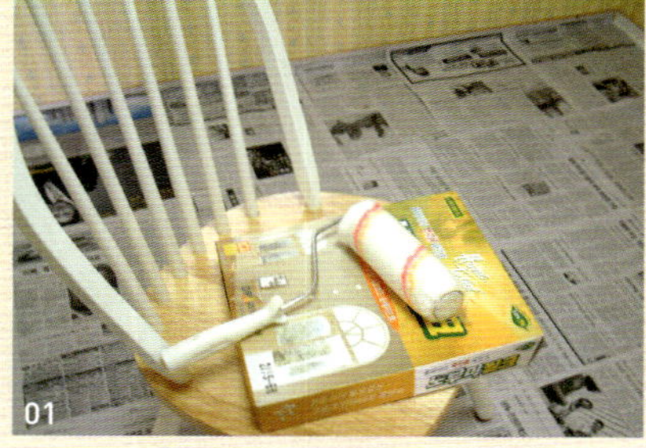

01 벽지전용 페인트랍니다. 가까운 대형할인점에도 DIY용으로 사용할 수 있는 기본적인 페인트는 갖춰진 상태구요~ 이것도 수성페인트 종류인데, 벽지전용 페인트는 일반적인 수성페인트보다 점성이 강해서 쉽게 흘러내리지 않아서 좋구요, 롤러로 작업해도 페인트가 잘 튀지 않아서 편리하답니다.

02 본격적인 페인트칠에 들어가기 전, 사전작업이 중요하죠. 제일 하기 싫은 작업이기도 하지만, 꼼꼼하게 해놓지 않으면 마무리가 깔끔하지 못해서 두고두고 후회한답니다. 마스킹 테이프로 페인트가 묻어서는 안되는 부분은 가려주구요~ 넓은 면이나 바닥은 신문지로 덮고 마스킹 테이프로 깔끔하게 붙였어요.

03 벽면의 전체적인 페인팅은 롤러를 이용해서 칠을 하면 되구요, 모서리나 좁은면은 작은 붓을 이용해서 칠했답니다. 벽지의 누런 밑색이나 무늬가 우러나오지 않을 정도로 잘 말려가면서 여러 번 덧칠했답니다.

04 몰딩과 가까운 곳은 붓으로 칠해야 페인트가 잘 묻어요. 페인트를 칠한 곳과 칠하지 않은 곳의 차이가 보이죠?

05 넓은 벽면은 이렇게 롤러로 칠하구요~

06 한쪽 벽면에 아크릴 물감으로 그림을 그려주기로 했어요. 선물로 받은 유리잔 셋트에 있는 목마그림이 노란방에 잘 어울릴 것 같아서 따라 그려봤답니다.

아이방에 어울리는 책장으로 리폼하기

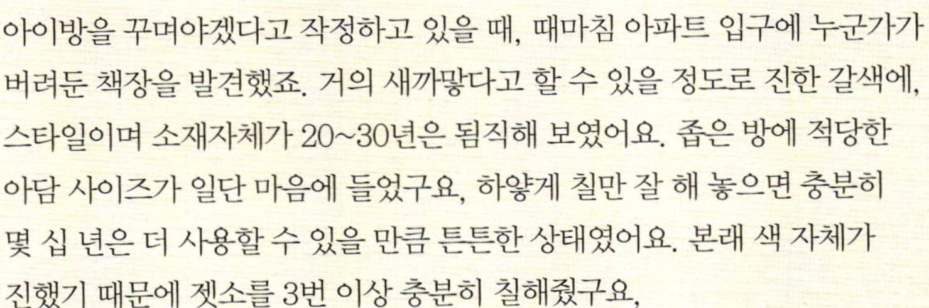

아이방을 꾸며야겠다고 작정하고 있을 때, 때마침 아파트 입구에 누군가가
버려둔 책장을 발견했죠. 거의 새까맣다고 할 수 있을 정도로 진한 갈색에,
스타일이며 소재자체가 20~30년은 됨직해 보였어요. 좁은 방에 적당한
아담 사이즈가 일단 마음에 들었구요, 하얗게 칠만 잘 해 놓으면 충분히
몇 십 년은 더 사용할 수 있을 만큼 튼튼한 상태였어요. 본래 색 자체가
진했기 때문에 젯소를 3번 이상 충분히 칠해줬구요,
'삼화 홈스타 파스텔 OK' 로 2~3번 정도 더 덧칠해서 마무리 했답니다.
돌출되어 있는 부분과 모서리는 사포로 자연스럽게 문질러 줬구요.

서랍을 리폼해 만든 선반

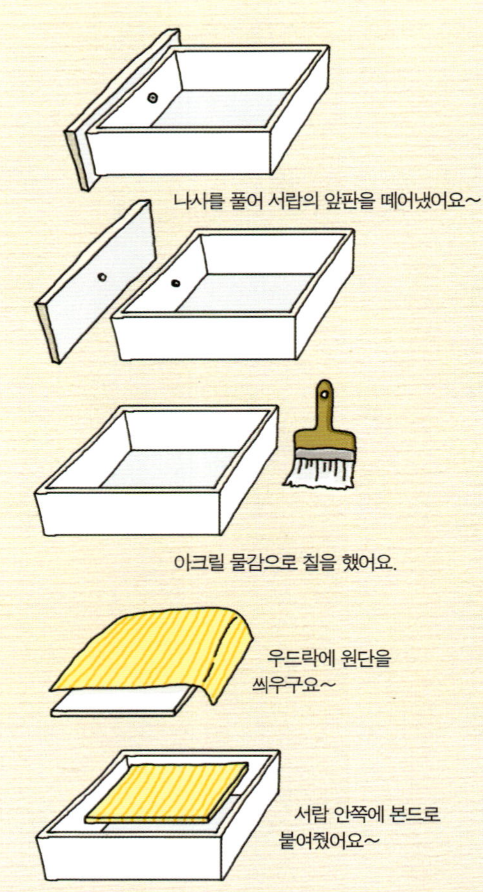

서랍을 이용해서 아이의 장난감 자동차를 수납하는
깜찍한 사이즈의 선반을 만들었답니다.

흰색 아크릴 물감을 이용해서 칠을 했어요. 우리 아들도 함께 참여했죠~^^
요즘도 저 서랍선반을 볼 때마다 자기가 색칠했다고 자랑스러워하죠~ㅋㅋㅋ
집을 꾸밀 때도, 특히 아이방을 꾸밀 때는 아이가 동참할 수 있는 계기를
만들어주는 게 좋을 것 같아요. 그래야 내 방에 대한 애착심도 강해지겠죠?

선반의 벽면에는 얇은 우드락에 원단을
씌워서 본드로 붙여줬어요. 방을 꾸밀
때 사용했던 패브릭을 이용하면 통일감
이 있어서 좋겠죠?

폼보드지와 시트지로 띠벽지 효과내기

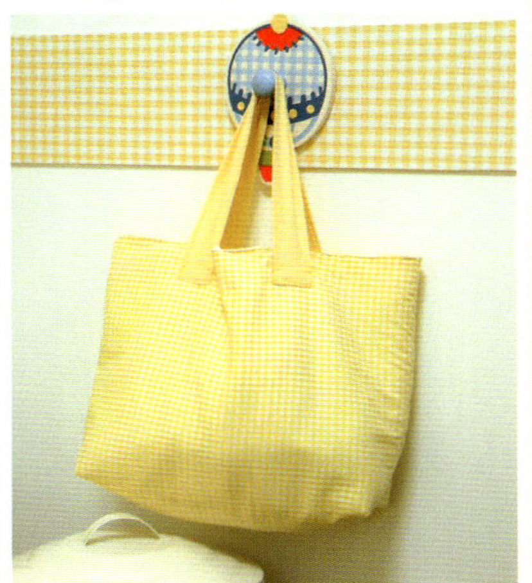

본래 띠벽지가 있던 자리가 지저분했었죠. 접착력이 떨어져서 들떠있는
부분이 많았구요~ 이미 뜯어져나간 곳도 있었어요.
페인트칠을 하더라도 찢겨진 자국이나 이음새 부분까지 가린다는 건 무리였죠.
그렇다면 똑같이 띠벽지를 다시 하는 수밖에… 기존 띠벽지처럼 들뜨거나
찢기지 않도록 아주 튼튼한 띠벽지를 만들어줬답니다
폼보드지 위에 시트지를 붙인 다음, 뒷면에 본드를 발라서
벽에 붙여줬죠. 본래 있던 띠벽지보다 약간 더 크게 만들어서
지저분한 자국들이 감쪽같이 가려질 수 있도록 했구요.
띠벽지 위에 걸이를 걸고 가방을 조르르~ 걸어뒀답니다.
저기 걸려있는 노란색 체크가방은 블럭 조각들을 모아서
보관하는 용도로 만들었어요.

〈 노란 체크무늬 니트지 〉
마트에서 구입했던 거랍니다.
대형 할인점에도 꽤 많은 종류의
시트지를 취급하고 있죠.
요즘은 시트지만 전문적으로 판매하는
인터넷 쇼핑몰도 생겨서 좀더 다양한 종류의
시트지를 만나실 수 있을 겁니다.

띠벽지를 이용한 스티커 놀이~

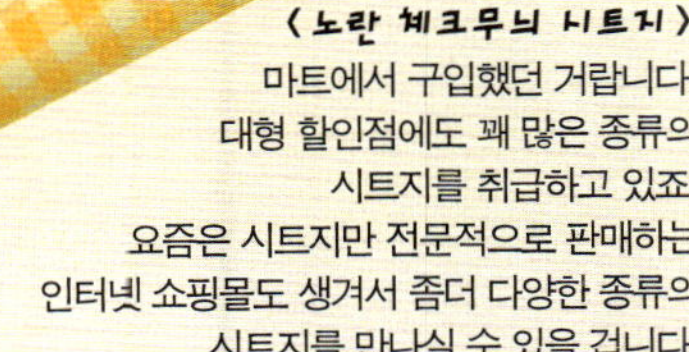

임시고정용
스프레이 접착제

띠벽지를 두께감 있게 시트지를 씌웠더니 좋은 점이 많더군요. 웬만한 오염은 그냥 물걸레질을 쓱쓱~ 하면 되구요.
이렇게 우리 아이 스티커 놀이 하기에도 좋답니다. 띠벽지뿐만 아니라, 벽지도 페인트칠이 되어있어서 표면상태가
굉장히 단단해 관리하기가 더 수월해진 것 같아요. 우리 아이가 좋아하는 빠방이 모양을 그려서 프린트한 다음,
오려서 스티커를 만들어줬어요. 벽지 위에 그냥 붙여도 깔끔하게 잘 떨어진답니다.
임시고정용 스프레이 접착제(3M 75)를 이용하면 몇 번이고 붙였다
떼었다 하는 게 가능해서 정말 스티커 같답니다.

자동차 모양을 그려서 프린트 한 다음,
일정한 여분을 주고 가위로 오렸답니다.

혜나's made files

노란색 체크원단과 꽃무늬, 그리고 단색원단을 적절히 섞어서 조각으로 연결한 이불보를 만들었어요. 하나하나 이어 만드는 게 시간은 좀 걸리지만, 그래도 훨씬 포근한 맛이 느껴져서 개인적으로는 참 좋아하는 스타일이랍니다.
노란 잔체크로 쿠션도 하나 만들었구요~ 좀더 발랄해 보이는 강렬한 꽃무늬 원단으로 커튼도 만들었습니다.

원단구입 나이트

더싸다 ● www.thessada.com	썬퀼트 ● www.sunquilt.com	천하우스 ● 1000-house.co.kr
데코랜드 ● www.decoland.co.kr (원단 및 맞춤제작)	안나패브릭 ● www.annafabric.com	패브릭홈 ● www.fabrichome.com
레이스나라 ● www.lacenara.co.kr	이불 ● www.ebul.co.kr(원단 및 침구)	패션스타트 ● fashionstart.net
보따리닷컴 ● boddary.com	천공구 ● www.1000-09.com	한올데코 ● www.hanoldeco.co.kr (고급원단 및 쇼파리폼)
소잉박스 ● www.sewingbox.net (원단 및 맞춤)	천나라 ● 1000nara.com	해피천 ● happy1000.co.kr
싸다천 ● ssada1000.com	천랜드 ● www.chunland.co.kr	헬로우천 ● www.hello1000.com
	천마트 ● www.chunmart.co.kr	화이트패브릭 ● www.whitefabric.com
	천싸요 ● www.1004yo.com	

민홍이방 커튼 만들기

끝단을 접어서 봉에 끼우는
스타일로 만들려구요.

윗쪽 여분은 자연스럽게
주름이 잡힐 부분이구요~
아랫쪽은 커튼봉 두께의 구
멍을 만들어 바느질
하면 됩니다.

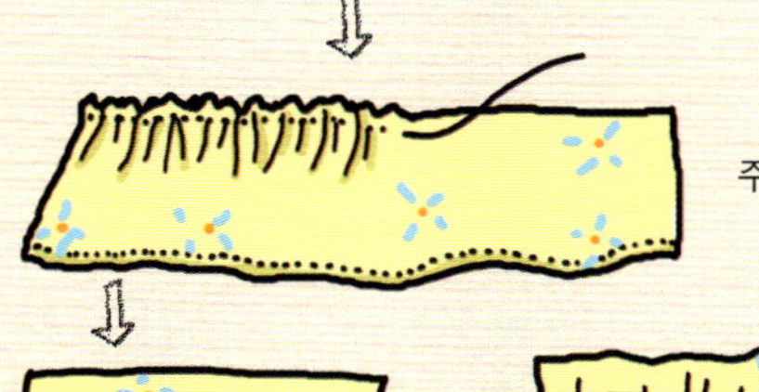

아랫단으로 쓰일 부분을 커튼 길이의
두 배 정도의 길이로 준비하고
끝단을 접어서 시접처리했구요~

주름을 잡아서

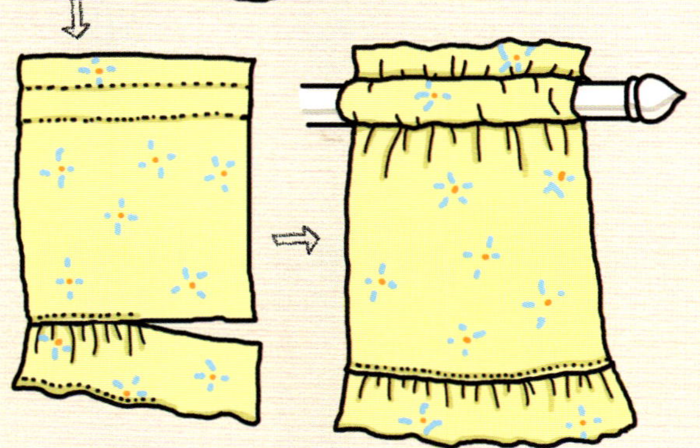

윗쪽과 연결해줬어요.

이렇게 봉에 끼우면
자연스럽게 주름이 잡히겠죠?

가장자리쪽은 노란색 단색으로
테두리를 만들고, 뒷판도
같은 원단으로 연결했어요.
가지고 있던 솜을 넣어서
도톰하고 푹신한
이불로 만들었답니다.

노란조각이불 만들기

적당한 크기의 정사각형으로 원단을
잘라서 준비하구요~

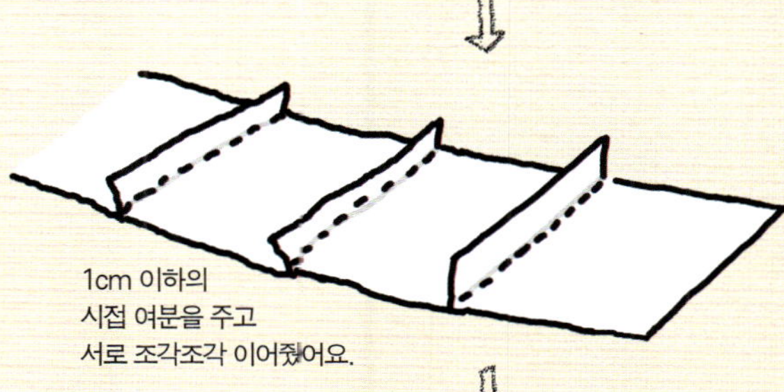

1cm 이하의
시접 여분을 주고
서로 조각조각 이어줬어요.

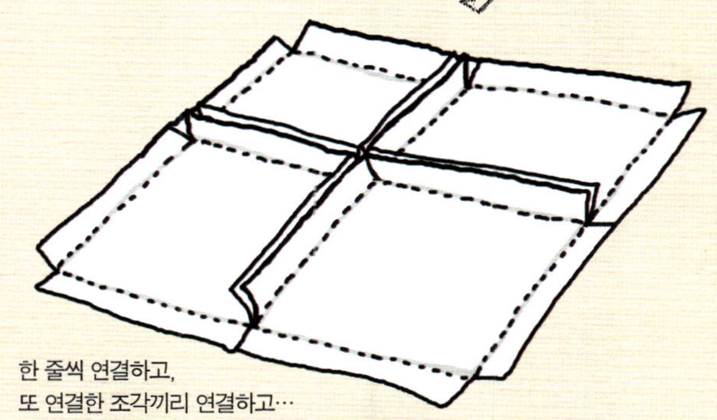

한 줄씩 연결하고,
또 연결한 조각끼리 연결하고…
물론 그림에서 보이는 쪽이 원단의 뒷면이죠.

연결한 조각보를 뒤집어서
뒷면에 패딩솜을 대고
연결한 조각들을 윗쪽에서
한 번 더 박음질해
줬어요.

남자아이들이 열광하는 빠방이 베개 만들기

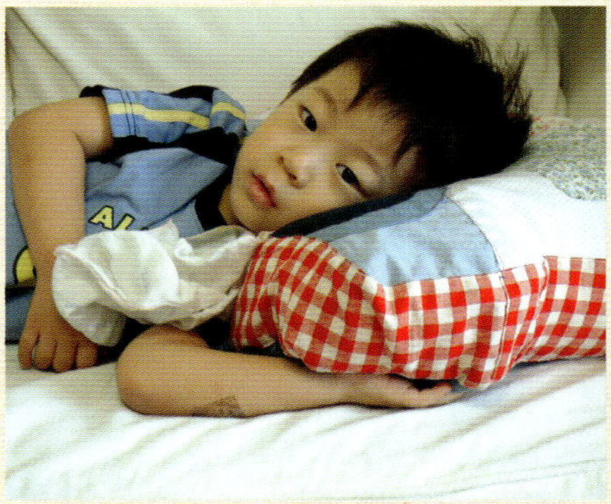

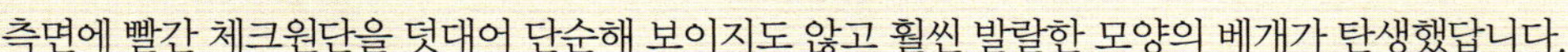

대부분 남자아이들은 자동차를 참 좋아하죠?
청소기부터 시작해서 바퀴만 달려있으면 관심을 보이기 시작하다가,
장난감 자동차는 모조리 다 수집하고 그 다음엔 로보트, 공룡에 관심을
보인다고 하는데, 우리 아이는 여전히 일편단심 빠방이 사랑이거든요.
그래서 아이가 좋아하는 빠방이 모양의 베개를 만들어주기로 했답니다.
자투리 원단으로 조각내서 만들 수 있는 스타일로 구상을 했구요, 아이의 의견을
최대한 반영해서 경찰차 빠방이처럼 윗쪽엔 볼록하게 비상등도 달아줬어요^^
측면에 빨간 체크원단을 덧대어 단순해 보이지도 않고 훨씬 발랄한 모양의 베개가 탄생했답니다.

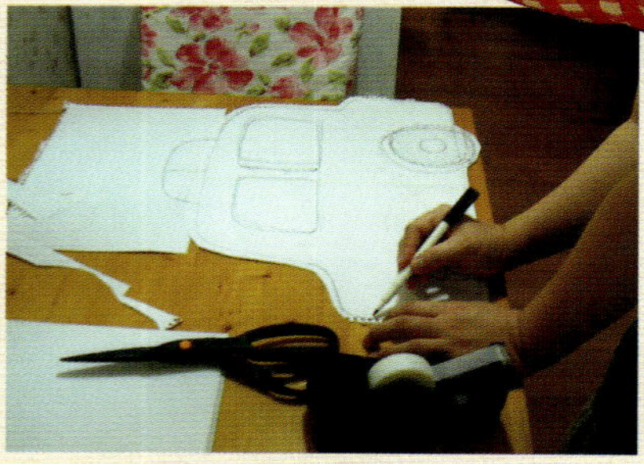

아이와 상의해서 도화지에 원하는 모양의 자동차 그림을 그리는 중입니다.

안쪽 솜통만 만들어놓은 상태입니다.

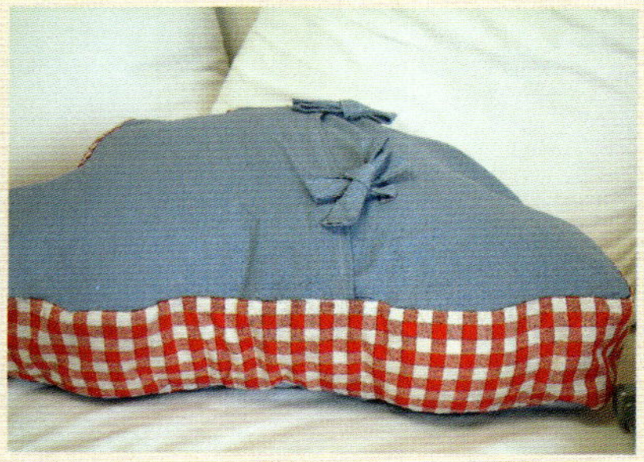

뒷면은 리본으로 묶는 방식으로 만들었죠.

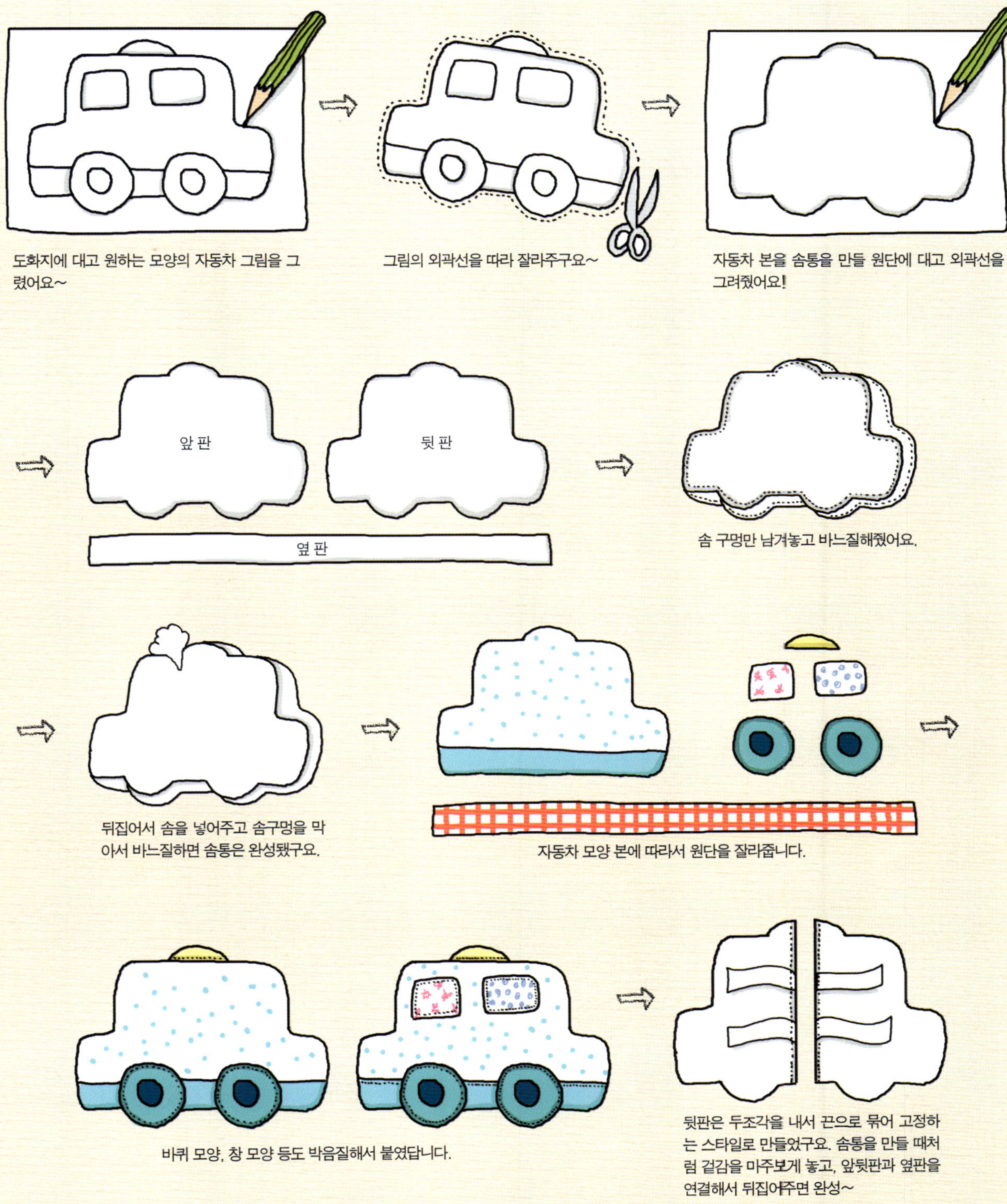

도화지에 대고 원하는 모양의 자동차 그림을 그려어요~

그림의 외곽선을 따라 잘라주구요~

자동차 본을 솜통을 만들 원단에 대고 외곽선을 그려줬어요!

솜 구멍만 남겨놓고 바느질해줬어요.

뒤집어서 솜을 넣어주고 솜구멍을 막아서 바느질하면 솜통은 완성됐구요.

자동차 모양 본에 따라서 원단을 잘라줍니다.

바퀴 모양, 창 모양 등도 박음질해서 붙였답니다.

뒷판은 두조각을 내서 끈으로 묶어 고정하는 스타일로 만들었구요. 솜통을 만들 때처럼 겉감을 마주보게 놓고, 앞뒷판과 옆판을 연결해서 뒤집어주면 완성~

저한테도 노란색 예쁜 침대가 생겼어요~

동화 속에 나오는 화려한 공주님 방은 아니지만, 엄마 아빠의 정성으로 채워진 이 세상 하나밖에 없는

딸아이의 방… 우리 아이의 노란방에 어울리는 노란침대로의 변신 과정을 함께 보실래요?

큰애가 동생에게 침대를 물려주고 독립된 공간을 만들어줬던 때가 엊그제 같은데,

벌써 둘째가 그만큼 자랐네요.

사용하던 유아용 침대도 불편해지고, 아이들 물건도 늘어나면서

이제 각각의 공간을 만들어줘야겠다는 생각을 하게 됐어요.

큰애가 사용하던 방을 둘째에게 물려주고,

큰애한테는 멋진 새방을 선물하겠노라 약속을 했답니다.

사용하던 유아전용 침대를 분해하고 다시 조립했더니,

앙증맞은 사이즈의 싱글침대가 되었네요.

유아용 침대에서 싱글침대로의 변신

01

큰애 태어나기 전, 망설이다가 구입했던 침대였지만 정말 두고두고 잘 썼네요. 이제 난간을 없애고 키를 낮춰서 싱글침대로 거듭날 겁니다.

02

분해한 다음, 다시 조립하는 과정 이예요. 본래 높낮이가 조절되는데다, 옆판도 나사로 연결되어 있어서 조립이 힘들지는 않았어요.

03

젯소로 밑칠을 해주는 과정입니다. 물을 약간 섞어서 너무 두껍지 않도록 칠해주면 됩니다.

04

골고루 한 번 정도만 칠해주고 본격적인 페인트칠에 들어가도 되지만, 밑색이 진하기 때문에 잘 말려가며 3번 정도 칠해줬어요.

05

자~ 이제 어여쁜 노란색을 만들어 봅시다! 흰색 수성 페인트에 샛노란색 수성페인트를 섞어가며 조색을 했답니다.

06

흰색을 섞었더니 부드러운 노란색이 됐죠? 실은 더 밝은 노란색을 만들고 싶었는데 자꾸 색을 만들다보니, 양이 많아져서 적당한 선에서 타협했죠.

07

붓자국이 남지 않도록 물을 적당히 섞어가며 꼼꼼히 칠했답니다. 한 번 칠하고 잘 말린 다음 또 덧칠하고, 노란색만 세 번 정도 덧칠했어요.

08

페인트를 다 칠하고 잘 말린 다음에, 사포로 각진 부분들을 문질러서 적당히 세월이 느껴지는 자연스러운 느낌을 연출하려구요.

09

이렇게 손맛이 느껴지는 자연스러운 사포질을 한 다음에 마무리 작업으로 저광 바니시를 칠해줬답니다.

★ 동생을 위해 오빠도 한몫 했어요!

동생의 침대 변신작전에 오빠도
적극적인 도움을 줍답니다.
"나도 할래~"
엄마의 페인트칠이 쩨미있어 보였는지,
아들녀석이 달려오네요.
"그래 같이 하자!"라고 외치기는 했지만,
덕지덕지 두껍게 발라대는 페인트를 보니,
굳어버리기 전에 빨리 손봐야된다는
생각밖에는… -.-;;;

우리 공주가 노란 침대에서
오늘 처음으로 낮잠을 잤어요.
침대 위에서 인형놀이도 하고
장난감 전화기로 엄마한테
전화도 하던걸요?^^
아이도 침대가 참 마음에
들었나봅니다.

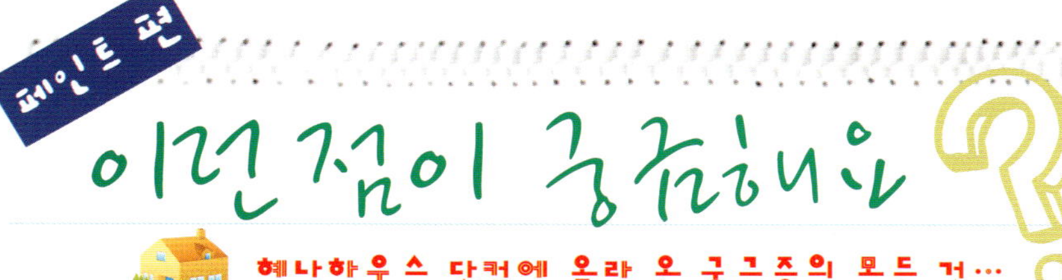

페인트 질문요~

멋진 헤나님~

도배지 위에 페인트 하니까 무늬가 그대로 나타나더라구요. 다 벗겨내야겠죠?

핸디코트를 바를까도 생각해봤지만 어떤 방법도 천장 작업에선 힘들 것 같아요 ㅠㅠ

페인트 후에 도배가 하고파지면 그것도 문제인데 그런 고민하는 사람은 못 본 거 같아요.

좋은 방법은 뭘까요? 헤나님 가족 부러워요~

무늬가 안 보일 때까지…

여러 번 칠하셔야 합니다~^^

무늬뿐만 아니라 밑색이 우러나는 정도가 있으니까 굉장히 여러 번 칠해야 하는데,

대부분 성질이 급해서 그리 못하시지요…ㅎㅎ

저도 울 아이방 페인팅 할 때, 그리 어둡지도 않은 아이보리 톤에 은은한 무늬가 있었던

벽지였음에도 불구하고 7~8번 정도는 덧칠한 것 같아요.

완전 흰색으로 만들고 싶었는데 2~3회 정도만 칠하면 얼룩진 것처럼 지저분하기만 하거든요.

그리고 페인트 후에 도배하고 싶으시면,

페인트칠 한 벽지 윗껍질만 벗겨내고 다시 도배하시면 되구요.

너무 얇아서 눌러 붙었거나 껍질만 깨끗하게 떨어지지 않으면, 전체 다 뜯고

초배지 바른 다음 도배하셔도 됩니다.

저는 천장까지는 페인트칠 안 했어요.

고난이도 인데다 다리가 짧아서^^ 미리 포기했지요.

몰딩까지만 칠해도 다리가 후들거리더구만요.

 ## 가구에 페인트칠 좀 하려는데…

저도 집을 좀 꾸미고 싶어서요. 혜나네 집 너무도 부럽네요~~~
저도 한번 도전해 보려는데, 뭐 하나 아는 게 있어야죠?
가구에 페인팅 좀 하려는데, 어떤 페인트를 사야 하는지 모르겠어서요. ㅋㅋ
인터넷에서 구입하려고 하는데, 물어볼 사람이 없잖아요?
렌지대를 리폼하려고 하는데 페인트 좀 추천해 주세요.

 ## 첫 도전에 적당한 품목을 고르신 것 같아요~^^

렌지대… 넓은 면도 많지 않고 사이즈도 작아서
처음 페인팅에 도전하신다면 작업하기에도 무리가 없으실 겁니다.
하얀색으로 리폼하실 거죠?
요즘은 컴퓨터로 조색해 주는 곳도 있고,
본인이 조금만 색감각이 있다면 얼마든지 조색제나 다른 물감을
이용해서도 다양한 컬러를 만들 수도 있지만
처음엔 화이트가 제일 무난해요.
페인트는 유성과 수성이 있는데요.
초보자에겐 수성이 좀더 작업이 수월하다고 할 수 있겠네요.
수성은 물만 타서 사용하면 되는 거구요,
유성은 시너를 섞어서 사용해야 합니다.
보통 유성페인트는 페인트칠 자체만으로도 코팅력까지 있어서
다른 마감칠이 필요없는 반면 냄새가 독해서 작업시도 문제지만,
며칠간은 가구에서 냄새가 계속 우러나오는 단점이 있죠.
수성페인트는요 물만 섞어서 사용하면 되고 냄새도 거의 없어서
작업이 수월한 반면, 자체적인 코팅력이 없어서 오염에 약하다는 단점이 있답니다.
그래서 수성페인트를 사용하고는 바니시나 니스칠을 해줘야 해요.
헌데, 요즘 이런 수성페인트의 단점을 보완한 페인트도 있으니
그걸 사용하시는 게 좋겠네요.
'삼화 홈스타 파스텔 OK' 구요. 삼화페인트 대리점에 가져도 있고,
페인트 판매하는 사이트에서도 쉽게 구할 수 있답니다.
수성페인트라 물로만 조색하고 냄새도 거의 없구요,

코팅력까지 있어서 물걸레질도 가능한 페인트랍니다.

단점이라면 가격이 좀 비싸다는... ㅎㅎㅎ

렌지라 젤 작은 통 하나면 양은 충분할 것 같구요,

작업하시기 전에 사포질을 아주 잘 하시는 게 포인트입니다.

만약에 사포질이 번거롭고 귀찮으면... '젯소' 나 다른 프라이머 종류로

페인트가 잘 묻게 해주는 역할을 하도록 발라주는 게 좋아요.

기존의 렌지대에도 페인트나 니스칠이 되어있는 상태라서

그냥 그 위에 페인트 칠을 하면, 페인트도 잘 묻지 않고

묻더라도 나중에 금방 벗겨져 버릴 수가 있거든요.

그래서 사포질은 필수랍니다.

약간 거친 사포로 전체적으로 문질러주고 좀더 고운 걸로 문질러 주면

표면도 매끈해지구요. 페인트도 잘 먹어서 오히려

페인트 양이 적게 들어요~^^

처음엔 제가 말씀드린 페인트로 시도해 보세요.

첫 도전에 성공하시면, 나중에 유성페인트도 한번 사용해보시고,

일반 수성에 니스칠도 한번 해보는 등 다양한 경험이 쌓이면

페인트의 장단점도 스스로 터득하고 나만의 노하우도 생기실 거예요.

초보라 하시니… 사족을 붙일게요.

페인트칠은 한번 칠하고 마는 게 아니구요.

얇게(붓에 너무 많이 묻히지 마시구요) 한번 칠하고

잘 말린 다음 또 덧칠하고 그런 과정을 3~4번 정도는 거쳐야 합니다.

페인트칠 회수는 리폼하는 가구의 밑색에 따라 다르지만

아무리 진한 컬러였더라도, 사포질만 잘 하신다면 3~4번 정도면 충분하실거예요.

혹시나 농도 조절을 잘못하셔서 페인트가 흘러내리는 현상이 생긴다면,

마르기 전에는 붓질을 다시 해주면 되구요.

말라버렸으면, 그 부분을 사포질 하고 다시 덧칠해주면 됩니다.

제가 아무리 설명을 잘해드려두요, 직접 해보시면서 터득하시는 게 제일 좋을 거예요.

꼬옥! 도전에 성공하시길 바랄께요~~~^^

다용도실 방수페인트요?

혜나님~ 안녕하세요. 홈피는 잘 보고 있습니다. 올리시는 작품도요.

다름이 아니라 예전에 한번 질문 드렸었는데요.

다용도실 방수페인트 하셨잖아요. 저희도 혜나님 댁이랑 같은 구조거든요.

저희는 냉장고를 다용도실에 놨어요.

김치냉장고도 그랬는데 창문 쪽으로 겨울에는 물기가 있고 심하면 곰팡이도 핍니다.

제 개인적인 생각은 안밖의 온도 차이가 심해서 그런 것이거나 전기제품이

다용도실에 3개나 있다보니 나오는 열과 그 안의 온도 등 전문적 인 것은 모르겠고

그래서 생기는 거 아닌가 싶은데요..ㅎㅎ

이번에 꼭 혜나님 댁처럼 방수페인트를 할까 하고요.

근데 밖에서 물이 들어와서 생기는 것이 아니어도 방수해도 아무 상관없을까요?

혜나님 댁은 어떠세요. 방수페인트하고 겨울 나셨잖아요.

질문이 너무 장황하죠. 설명하다보니 길어졌네요. 답장 주시면 감사하겠습니다.

저희도 딱~ 그런 경우였어요.

작년 봄에 방수페인트를 칠했으니까, 한겨울을 지내고 이제 또 겨울을 맞겠네요.

겨울을 지내보고 제가 결과를 말씀드리겠다고 했었죠?

히히...성공했어요. 아주 좋아요~ 그리 많던 곰팡이 이젠 생기지 않는답니다.

앞뒤 베란다 다 괜찮아요.

그런 결로 현상은 꼭 물이 직접 닿는다고 생기는 건 아니구요.

바깥기온과 실내기온의 차이 때문에 생기는 것이고,

안쪽에 전자제품 두는 것과도 별 상관없이 생기는 것 같아요.

저희 앞쪽 베란다는 햇빛도 아주 잘 드는 편이었어도

겨울만 지내고 나면 곰팡이가 점점 퍼져 나갔었거든요.

작업하실 거면 지금 빨리 시작하시는 게 좋을 거예요.

햇볕이 좀 있을 때 바짝 말려가며 작업하는 게 좋을 테니까요.

지금 피어있는 곰팡이 좀 귀찮더라도 거친 솔로 박박 문질러서 없애주는

밑작업은 꼼꼼히 하시구요.

저는 홈데코(http://www.djpi.co.kr) 페인트 사이트에서 여쭤보고 구입했던 건데요...

'믹싱 리퀴드' 나 '방균코트 100' 으로 밑칠 두 번 정도 한 다음에

드라이텍스로 두 번 정도 페인팅하면 된다고 하더라구요.
'믹싱 리퀴드' 는 젯소처럼 프라이머 역할을 하는 거구요
(벽을 한번 코팅하는 것처럼 감싸준다고 생각하시면 돼요).
드라이텍스는 일반 페인트보다는 굉장히 거칠게 발라져요.
그래서 붓도 좀 큰 걸로 칠하는 게 좋구요.
말리고 또 칠하고 이렇게 반복하다보니 작은 벽면인데도 하루종일 걸렸어요~ㅠ.ㅠ
비장한 각오를 하고 작업하셔야 될 거예요~ ^^

참고로 다른 방법도 알려드릴께요.
해동씨앤씨(http://www.hdcnc.co.kr/)의 김실장님이
우리집 베란다 곰팡이 제거작업 사진을 보고 남기신 글이에요~

저는 해동씨앤씨(주) 페인트 및 미장방수도장 회사의 페인트 기능사 김실장이예요.

혜나님 베란다에는 방균코트를 하시기도 하지만

제 경험상 발라도 그 균이 콘크리트 벽 속에 숨어 있다가 습하면 다시 나오더라구요

그럴 때에는 먼저 곰팡이를 거친 수세미로 잘 제거 해주시구요.

바짝 말린 상태에서 창문을 활짝 열고 유한락스 마트 가면 세일해서 1ℓ 병에 천 원 하더라구요.

그걸 바르신 후에(붓칠) 또 바짝 말리세요.

그리고 그 위에 방균 수성페인트로(백색) 칠하세요.

백색이 싫으시면 수성색소를 별도 구입하셔서 조색 하시면 돼요.

파스텔 톤 조색시 나무젓가락으로 콕 찍어서 조금씩 저으세요. 미술시간에 하는 것처럼.

그리고 결로방지를 막기 위해서는 실내와 밖의 온도를 막아주는

히트센스를 권하고 싶네요. 단열효과가 크죠.

곰팡이를 방지하고 단열효과도 얻는 일석이조의 좋은 제품이 있더라구요.

바로 히트센스인데요. 히트센스란 아크릴 공중합체 수지를 이용 내부기공 (마이크로스피어) 구조를 갖는

ceramic 특수안료를 배합 도막내 단열층을 형성해서 단열효과를 극대화시킨 제품으로

냉·난방비 절감 효과를 갖는 수성타입의 친환경 제품이에요.

베란다에 하시면… 1. 결로방지 2. 흡음 차음성(밖의 소리를 줄여주죠) 등등의 효능을 얻을 수 있습니다.

색상은 백색 무광인데요. 조색 불가합니다.(성능저하요인)

1말 가지고 10평 정도 하구요. 예쁜 파스텔 톤을 원하시면 그 위에 수성 칠하시면 돼요.

침대 색을 바꿔 보려는데…

침대 색을 좀 바꿔 보려구 하는데요~
결혼하면서 구입했던 건데 체리색 톤입니다.
예전에 구입해서 쓰고 남은~ '손잡이닷컴'에서 구입한 페인트거든요
삼화홈스타 파스텔 OK.
사포질 해야겠죠. 그냥 젯소 바르고~하면 안되겠죠 ㅠ.ㅠ
그리고 장롱도 맘 먹고 하려고 하는데요, 혜나님의 조언이 좀 필요합니다.
시트지 같은 게 붙어 있는 것 같은데 장롱은 어찌하면… 되나요~

작업하실 게 규모가 좀 있네요~

무지 부담스러울 것 같아요.
저도 그런 큰 사이즈는 작업하면서도 괜히 시작했다 싶어 후회하는데요.
마무리 짓고나면 정말 뿌듯하죠. 몇 배의 기쁨을 가져다 줄 거예요~^ㅂ^
먼저 그 침대는 좀 대충하더라도 사포질은 해주시는 게 좋을것 같네요.
아예 밑색이 드러나도록 하실 필요는 없구요.
그냥 터프하게 샤샤샥~ 전체적으로만 한번씩 문질러 주셔야
젯소도 잘 발라지고, 붓자국도 덜할 거예요.
장롱은 아마도 시트지는 아닐테고 MDF에 무늬목 같은 게 붙어있는 게 아닐까요?
삼화파스텔 OK가 다용도 페인트라서 별 문제는 없을 것 같은데요,
찜찜하시면 한쪽 귀퉁이에 테스트 해보세요^^
그리고, 침대 헤드 부분만 드러나는 스타일이라면,
침대는 헤드커버를 해보시는 것도 좋을 것 같네요.
체리색이 맘에 안 드셔서 그러는 거라면요.

 ## 페인트 냄새는요…

안녕하세요, 오랜만이네요, 제가 이제 회사를 그만두게 되었어요.
그래서 집에서 가구 페인트칠을 하려고 하는데 혜나님은 집안에서 하시나요?
냄새는 어떻게 하시는지 그리고 어떤 페인트 쓰시는지 궁금해요? 알려주세요.

 ## 아이들이 있으시면 페인트칠 냄새가 좀 신경 쓰이실 거예요.

저희도 둘만 살땐 그냥 유성페인트 팍팍~써가며 집안에서도 페인팅하고 그랬었는데요…
이젠 아이들 때문에 좀 비싸더라도 친환경적인 페인트에 눈이 가더라구요.
일단 유성페인트는 시너 냄새가 신경 쓰이신다면 안 쓰시는 게 좋아요.
칠을 하고 나서도 한동안 냄새가 가시지 않거든요.
요즘 제일 많이 쓰시는 DIY용 국산 페인트로는
'삼화 홈스타 파스텔' 이 있구요…목재든 철제든 뭐 웬만한 곳엔 가리지 않고
다용도로 쓸 수 있다는 장점과 수성이면서도 유성처럼 오염이 잘 되지 않고
물걸레질도 할 수 있다는 장점이 있어요. 잘 마르는 편이구요.
약간의 냄새가 나긴 한데 독하지는 않구요,
그 정도면 거의 냄새가 없다고 봐야 해요~^^

우리집은 앞집이 없는 아파트 구조라서 현관 앞에 내놓고 주로 페인트칠을 하고 있어요.
아무리 냄새가 덜하더라도 집안에서는 페인트칠 안하시는 게 좋구요.
하루 이틀 정도는 밖에서 완전히 말린 다음에 집에 들여놓으시는 게 좋겠네요.
제 사이트에도 페인트 판매하는 곳이 몇 곳 있거든요?
그곳에서 구입하시면 편리하실 거예요.

벽지 위에 바르는 페인트는…

처음으로 혜나님의 집에 방문합니다.

진지한 질문하나 드릴께요. 제가 워낙에 페인트를 좋아해요.

벽지 위에도 이왕이면 가정용 페인트를 칠하고 싶은데 제가 사는 집이 사실 전세라서,

만약에 나중에라도 페인트 칠한 벽지가 문제가 될까 그렇거든요.

이 문제로 남편하고 실랑이를 벌이는데,

벽지 위에 페인트를 칠해도 나중에 새로 도배 할 때 아무런 문제가 없다면

저는 적극적으로 페인트를 칠하고 싶어요.

남편도 이 문제만 해결된다면 도와준다고 눈을 반짝이네요.

그래서 여기저기 사이트를 다녀도 그리 만족할 만한 답을 못 얻었거든요.

그래서, 여기에 질문을 올리네요. 바쁘시겠지만 꼭 답변 주세요.

만약에 벽지 위에 바르는 페인트가 아무런 문제가 안된다면 한밤 중에라도

할인 마트로 달려가기로 했습니다. 꼭 답변 주세요!!^^

벽지 위에 페인트 칠하는 건요… 생각보다 효과가 꽤 좋았어요.

때도 덜 탈 것 같구요.

헌데…우리집 예전 벽지가 실크벽지라서(전 너무 후줄근해서, 처음엔 종이 벽지인 줄 알았어요~)

페인팅 효과가 더 좋았던 것 같구요.

제가 듣기로는 실크벽지 위가 페인팅 하기에 좋대요.

그리고 나중에 도배할 때 어차피 실크벽지는 전체를 다 뜯어내든지

아니면 중간 껍질까지는 뜯어내고 도배를 하기 때문에 전혀 문제가 되지 않아요.

지금 도배되어있는 벽지 종류가 뭔지만 확인하시고 페인팅 하시면 될 것 같아요.

종이합지 벽지라 두툼해서 수분을 먹더라도

잘 버텨 줄 정도의 두께라면 무리가 없을 듯하네요.

벽지가 무늬가 있든지, 색상이 좀 강한 거라면 페인트를 여러 번

덧칠해주어야 원하는 색감을 얻을 수 있어요.

그건 잘 아시죠? 페인트를 좋아한다고 하시니…

우리 신랑도 처음에 민홍이 방 벽지에 페인트 칠 한다고 할 때 반대했었어요.

차라리 그냥 도배를 새로 하는 게 낫다고~ 제가 두 가지를 다 해본 결과 둘 다 힘들어요.

어차피 작업하는 건 마찬가지구요…페인트는 무독성이라고 하더라도

약간의 냄새가 빠져나갈 시간이 좀 필요하지만,

벽지에서 원하는 색감이 없을 때 원하는 페인트로 얼마든지 조색이 가능하다는 장점은 있죠.

방문이나 몰딩, 바닥 등에 페인트 묻지 않게 마감을 잘 하셔야 하니까

도배하는 것보다 시간은 더 걸릴 수가 있어요.

가구에는 어떤 페인트가 좋은가요?

예쁜 집 구경만 하다가 새로 다 바꿀 수는 없고해서

가구에 페인트라도 칠하면 어떨까 해서요.

페인트에 페도 모르는 문외한인데 도움 부탁합니다.

인터넷 서핑하면서 예쁜집들을 보니 이렇게 막 살면 안되겠다 싶어서요.

누구든 초보시절은 있게 마련이죠.^^

집안 꾸미기에 관심을 가지셨다면 오늘부터 조금씩 시도해 보세요.

하나의 작품을 완성하고 나면 분명 자신감도 붙고, 재미를 붙이실 수 있을 겁니다.

페인팅은요, 일단 용도별로 사용하는 페인트의 종류를

먼저 알아두시면 좋은데요, 유성과 수성페인트가 있다는 건 아시죠?

페인트 구입이나 자세한 설명은 제 홈 추천사이트에도 있는 두 곳을 참고하세요.

http://www.djpi.co.kr 삼화페인트 홈데코

http://www.coolcolor.co.kr 쿨칼라 페인팅

가구에 페인트를 칠하시는 것은 일단 초보시라면 작은 것부터 권해드리고 싶네요.

의자라든지 조그만 사이드테이블 같은 것 말이죠.

혹시 집에 있는 가구 함부로 손대시기 겁나시면 누가 버려둔 걸 주워와서 리폼하시는 것도 좋아요.

먼저 연습한다고 생각하시고 페인트의 특성을 충분히 파악하신 다음에

이것저것 시도하시는 게 좋을 것 같네요.

가구의 경우 필름지나 시트지 붙어 있는 경우는 페인트 칠을 안하시는 게 좋긴 하지만,

요즘은 젯소나 프라이머를 한번 덧바르고 위에 칠을 하기 때문에 전혀 불가능한 건 아닌 것 같아요.

원목이면 좋구요. 나무에 니스칠이 되어 있는 경우는 사포질을 한 번씩 해줘야 페인트가 잘 먹습니다.

사포질이 귀찮으시면 아까 말씀드린대로 젯소나 프라이머를 한번 칠하고 마른 다음에

페인트 칠하시면 역시 잘 먹습니다.

페인트를 칠하실 땐 먼저 수성일 경우 물의 양을 잘 조절하시구요,

얇게 여러 번 칠해주셔야 합니다. 한번 칠하고 완전히 마르고 난 다음에

(한번 건조되는데 1~2시간 정도 소요) 다시 덧칠을 해주셔야

페인트가 뭉치지 않고 붓자국 없이 깨끗하게 도색이 되거든요.

2~3번 정도 덧칠한다고 보시면 되구요. 젯소로 밑작업을 하셨을 경우는

페인트 회수를 줄이실 수 있을 거예요.

혹시 페인트가 뭉치거나 흘러내린 곳이 있으면 완전히 건조된 다음에

사포질을 하시고 다시 한번 얇게 칠해주시면 됩니다.

페인트 작은 통 주문하셔서 직접 한번 해보시면 많은 경험이 되실 겁니다.

페인트에 한번 맛들이면 얼마나 재미있는지 몰라요.

이것저것 다 칠하고 싶은 생각이 간절해지실 겁니다.^^

꼭 성공하시길 바랄께요. 페인트에 대한 자세한 정보는

제가 말씀드린 사이트에서 얻으시면 되구요~

 ## 페인트칠은 겁나요~

맨날 입으로만 화장대 리폼한다 한다~ 하면서

혜나님 추천 홈에서 페인트 전문 홈피 봐도 필이 안와요.

워낙 경험이 없기도 하고 망치면 안된다는 심리적 부담감...

우선 화장대가요~ 전체적으로 흰색입니다.

철재가 들어가 있는 곳이 다리랑 테두리 부분이 은색으로 칠이 된 그런 스타일이에요

뭔지 감이 오시남요? 너무 맘에 안듭니다.

그래서 제 계획은 철제 부분을 흰색을 칠하고 서랍이 2개 있는데

그걸 분홍 계열 꽃무늬 시트지를 붙이고 손잡이를 바꾼다… 이거 거든요.

그런데 생각만 가득하지 페인트도 못 샀어요.

은색 페인트가 발라진 철재 부분을 어떤 페인트 사서 발라야 할까요?

뭐 수성 유성 뭐 이런 거 있잖아요. 그리고 두 번 발라야겠죠?

살림이 새 거라서 그럴 만도 하네요.

저는 처음 페인트 칠할 때 워~낙 낡은 집에다,

또 누가 버려도 안 가져갈 것 같은 가구들에 테스트를 했으니 대범할 수 있었겠죠.

진아님은 새살림이라 웬만큼 리폼을 잘해도 티가 안날지도 모르겠네요.

일단 화장대 스타일은 대~충 짐작은 가네요.

철제도 유성 에나멜 페인트 쓰시면 되구요.

제일 작은 거 한 통과 시너, 그리고 붓을 사면 되구요,

주변 목재 부분에 묻지 않게 칠하려면 비닐 달린 마스킹 테이프도 필요해요.

유광과 무광 두 가지가 있는데요,

목재 부분 광택을 봐서 반짝반짝 광이 나면 같이 유광을 써 주시구요.

광이 별로 없으면 무광으로 하세요.

절반씩 섞어 쓰시는 게 서로의 단점을 보완해줘 괜찮긴 한데,

요즘은 유광과 무광이 섞인 반광도 나오더라구요.

아무래도 첨이라 겁이 좀 나면 퇴근하는 길에

어디 버려진 가구 없나 한번 둘러보세요. 작은 걸루요.

나무 의자나 작은 서랍장 같은 거면 좋을 것 같은데...

급하게 찾지는 마시구요. 이왕 주워서 테스트하는 거~

예쁜 걸로 골라서 집에서 쓸 수 있음 좋잖아요.

의자라면 등받이가 있는 곳 스타일이 얼마나 예쁜지 잘 보시면 돼요.

시너를 적당히 부어서 아주 묽거나 되지 않게 페인트 조정하시고,

얇게 초벌 칠하고 잘 말려서 또 덧칠하고.

저도 성미 급해서 잘 안되지만 반드시 잘~ 말린 다음에

덧칠해야 해요. 혹시 흘러 내린 자국이 남으면

잘 말려서 고운 사포로 문질러 준 다음에 또 덧칠하면 돼요.

식탁페인팅 질문요

헤나님댁 거실책상처럼 상판을 나무색 결이 보이게, 다리를 흰색으로 하려는데
상판과 다리칠을 어떤 걸로 하셨는지 궁금해서요.
버리려는 가구를 수성페인트로 무작정 칠해보긴 했지만 이번엔 목재를 주문해서 할 거니깐
망치면 집에서 페인팅은 금지당할 것 같아서요. 부탁드립니다.

반제품으로 구입하실 건가 봐요?

기존 가구 리폼이라면 모를까 원목 종류는 나무결을 살려서 칠을 하는게 좋죠~
그래야 원목 사용한 보람이 있잖아요.
저희는 일반 내부용이나 외부용 수성페인트나 아크릴 물감이나…
그런 종류로 물을 많이 섞어서 칠해도 어느 정도 나무결이 보이긴 하던데요.
물의 농도 조절이나 색조절이 적당한지 가구 바닥이나 뒷면의
안 보이는 곳에 꼭 테스트를 해보고 본작업을 하시면 실패는 안하실 겁니다.
스테인 계열이 나무질감 살리기엔 좋은데요~
이것도 수성이 있고 유성 종류 오일스테인이 있어요.
수성은 물로 농도 조절하시고, 유성은 시너로 농도 조절하는 건 아시죠?
제가 사용해보니, 굳이 용제를 섞지는 않아도 되겠더라구요.
혹시나 구입하신 페인트보다 좀 연한 색을 원하실 때만 시너를 섞어 작업하세요.
아무래도 유성은 시너를 사용 안하더라도 휘발류 냄새 비슷한 게 나서 좀 독하긴 합니다.
그리고 천연이나 친환경 종류도 있긴 하지만 가격이 너무 비싸서,
페인트가 목재료비보다 훨씬 비싸더군요.
스테인은 국내 페인트 회사 제품은 동네 페인트 가게에서도 구입 가능하시구요~
수입 스테인은 사이트에서 구입하시면 더 수월합니다.
페인트 사이트 운영하시는 분도 계신데,
그 분 사이트 소개해 드릴께요~^^ http://www.hdcnc.co.kr
페인트는 구입하시는 곳에서 직접 사용 방법을 확인하시는 게 확실하답니다.

나들이 장소 | 아지오 홍대점

Part 06

veranda

우리집에서의 베란다는
빨래가 팔랑거리는 마당이 되었다가,
풀꽃 가득한 꽃밭이 되었다가,
원단이나 공구를 보관하는 창고가 되기도 합니다.
참 쓰임새 많은 공간이죠.
주인의 변덕에 따라 다양한 공간으로 변신하는,
작지만 쓸모있는 공간이 바로 베란다가 아닐까요?

베란다 난간에 프로방스 울타리 만들기

삭막한 아파트의 겉모습과는 달리 집안에 들어서는 가족에게 자연의 아늑함을 선물하고 싶었습니다.

전원미가 느껴지는 프로방스 울타리가 고향의 품처럼 우리 가족을 감싸줍니다.

베란다 정원 한쪽에 나무 울타리를 설치하는 것은
가끔 본 적이 있었는데요~
저희는 베란다의 철물 난간에 나무로
옷을 입혀보기로 했답니다.
철물 난간이 유난히 차갑게 느껴지는 겨울…
현관 발판을 만들 때 사용했던 냉장고
포장박스를 찾아 동네를 헤집고 다녔었죠.
난간의 차갑고 삭막한 느낌도 덜어주고,
아파트 고층에 살면서 난간 틈 사이로 아이들이
팔을 내밀때 마다 썸뜩했었는데,
그 불안감도 어느 정도 해소가 되었답니다.
난간 사이 간격이 예전보다 좁아져서
안전성에서도 우리의 고민을 해결해 준
고마운 울타리랍니다~^^

거실쪽에서 바라본 베란다 수납장의 모습입니다.
우리집 분위기랑 잘 어울려서 쳐다볼 때마다 흐뭇하죠.
리폼도 변화가 클 때 만족도도 높아짐을 느낀답니다.
문도 아주 튼튼하고 수납도 빵빵한 예쁜이 수납장 이예요.
손잡이도 싱크대 리폼할 때 사용한 손잡이로 달았구요~
손잡이 사이즈가 꽤 큰데도 장롱에 붙어있으니
유난히 작아보이네요. 장롱의 폭이 어쩜 저렇게
베란다 폭에 딱 맞는지.
제가 너무 과하게 맘에 들어했나요?
암튼 여러모로 만족스럽다보니,
사소한 것들까지도 다 예뻐보인답니다.

삭막한 베란다 난간에 전원풍경 꾸미기 나무 울타리

울타리 재료로 쓰인 폐목재랍니다. 산업용 냉장고를 포장할 때 사용하는 고정틀인데요~ 다 뜯어내고, 저렇게 박혀있는 못들도 다 뽑아내는 작업과정을 거친 후 서로 연결해 만들었답니다. 길이가 적당해서 이음새 없이 세로줄 난간을 만들기에 좋거든요.

울타리 설치 전 새시창과 난간의 모습 이예요.

난간의 폭에 정확하게 맞춰서 일정한 간격으로 울타리는 만들었구요~ 설치 및 운반이 쉽도록 3~4개로 나누어 만든 다음, 연결했어요.

수성페인트로 거칠게 칠을 해서 나무의 자연스러움을 살렸어요.

윗쪽 가로줄 부분에 철봉 두께만큼 기역자로 나무틀을 만들어서 끼워서 고정했기 때문에 아주 튼튼하답니다.

베란다에 수납을 알차게!

혼수로 구입했던 장롱이 있었는데요~
자기 자리를 찾지 못하고 이사다닐 때마다
이방저방으로 빈공간을 찾아 옮겨다니던
천덕꾸러기였는데, 이제야 베란다에
고정자리를 차지하게 해줬답니다.
모던한 스타일의 장롱을 대대적인 변신을
시켜서 말이죠. 문짝만 리폼했는데도 느낌이
많이 달라졌음을 느끼시겠죠? 패널벽에도
사용하고, 베란다 중간 새시가벽에도
사용했던 얇은 미송합판을 문에 덧붙여서,
나무질감이 잘 살아난 수납장을 만들었습니
다. 제가 지금까지 사용하고 남은 자투리
원단이며 패브릭 부자재들을 수납하는 용도
로 사용하는 거구요~ 안쪽도 살짝 개조를
해서 수납이 많이 되도록 머리를 좀 썼습니
다. 수납공간이 안쪽으로 깊은 장롱의 특징을
살려서 이중으로 수납이 되도록 했거든요.
그냥 담아두게 되면, 안쪽에 있는 것들
꺼내기도 힘들고 뭐가 숨어있는지
찾기도 힘들잖아요~

본래 옷장으로 사용하던 거라서 왼쪽에는 하단에 서랍이 있었구요, 오른쪽에는 옷걸이를 걸 수 있는 봉만 있
던 상태였어요. 원단을 많이 수납하기 위해서는 수납선반을 촘촘하게 만들어야 했죠. 장롱이란게 안쪽으로
깊잖아요? 장롱의 깊이만큼 원단을 그냥 쌓아두면 안쪽에 있는 원단을 찾기도 힘들 뿐더러, 꺼낼 때마다 앞
쪽원단을 다 꺼내야 하는 불편함이 있기에 살림꾼인 제 남편이 아이디어를 냈답니다.
안쪽과 바깥쪽을 구분지어 한칸씩 어긋나게 선반을 만드는 거죠. 원단은 일단 색상별로 구분해서 찾기 쉽도
록 수납하구요, 바깥쪽 선반 역할을 하는 합판을 꺼내면 안쪽에 있는 둘건이 쉽게 보이도록 말이에요.

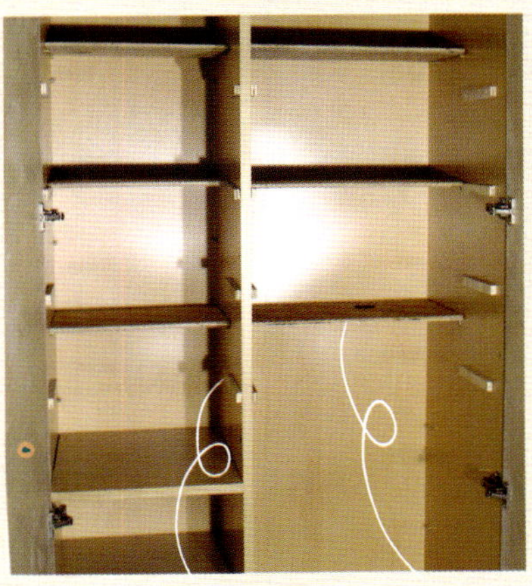

나무토막으로 지지대를 만들고

안쪽부터 합판을 얹어서
수납선반을 만들었어요.

앞쪽에도 합판을 얹었구요.

쓸모에 따라 변신하기 쉬운 공간, 베란다

우리집 베란다는 그리 넓지는 않지만 그래도 나름대로의 역할을 톡톡히 하고 있답니다.

어찌보면 여분의 공간인데다 아파트에서는 실외나 다름없는 공간이라서,

때로는 정원처럼 경우에 따라서는 작업공간으로, 또는 부족한 수납을 해결해주는 곳으로

다용도로 활용하는 곳이기도 하죠. 한겨울 찬바람을 막아주고,

여름엔 따가운 햇빛을 한 단계 걸러주는 고마운 베란다…

요즘은 발코니 확장이 법적으로도 허용되다보니, 다들 베란다 공간의 필요성보다는

거실을 좀더 넓혀 쓰고자 하는데 관심이 집중되는 추세잖아요~

그런 대세에도 불구하고, 저는 베란다에게도 본연의 임무에 충실할 기회를

맘껏 줘야겠다는 생각에 변함이 없답니다.

아파트에 살다보면 자연의 푸르름이
그리울 때가 많죠. 자칫 소홀해지기 쉬운
베란다에 자연의 풍경을 가득 들여놓아보세요.
작은 허브 화분에 소박한 나무 한그루,
차 한잔 하며 책을 뒤적일 수 있는 테이블까지~.
마음만 먹으면 자연은 멀리 있지 않습니다.

SELF-INTERIOR DESIGN EASY FOR ANYONE
A WOMAN WHO REPAIRS HER HOUSE
A MAN WHO DECORATIONS HOUSE

베란다의 비밀 화원 작은 화단 만들기

화분 테이블에 의자 하나만 놓으면 이렇게 근사한 나만의 공간이 된답니다. 햇볕이 잘드는 창가에서 책을 보면, 머릿속에도 쑥쑥~들어오겠죠?

화분에 이름표를 달아줬어요. 골드레몬타임, 미키로즈, 무순… 우리집 가족이 된 날짜도 함께 적어주는 게 좋겠죠? 무순은 씨를 뿌린 날짜를 적어줬더니, 매일매일 관찰하는 재미까지 쏠쏠하더군요. 2~3일만에 저렇게나 쑥쑥 자라다니 바라만 보고 있어도 행복해져요.

이름표 만들기

1. 컴퓨터로 그린 다음, 프린트 해서 오려만든 이름표랍니다~

2. 철사를 적당한 길이로 자르구요~

3. 이름표 뒷면에 테이프를 붙여 고정했어요.

카페 같은 분위기 연출 장식용 차양 만들기

화분 선반 위에 올려져있는 차양, 어닝이라고도 하죠?
차양은 건물의 햇빛이나 눈비를 막아주는 역할을 하지만,
실내에서는 이국적이면서 운치있는
카페풍경을 연출하기에 너무 좋은 소재가 되는 것 같아요.
몇 년 전, 주방 싱크대 윗장에 하얀색 차양을 만들어 얹은 이후로
두 번째 차양 만들기에 도전했답니다.

이렇게 만들었어요~

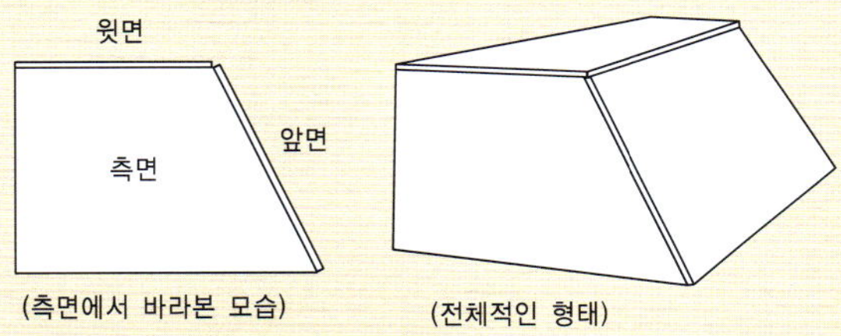

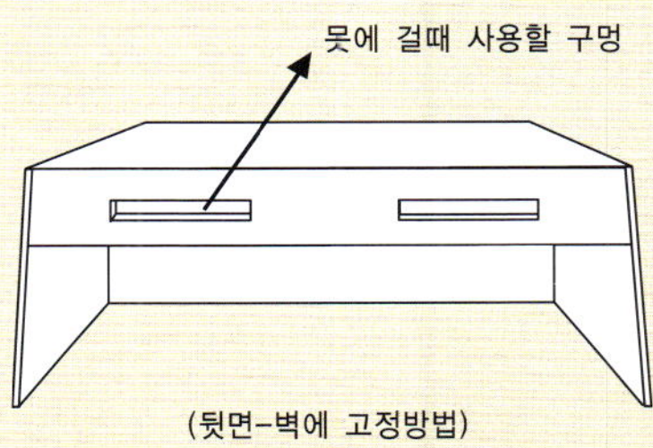

1. 폼보드지를 원하는 사이즈대로 잘라서 사진처럼 연결해 붙였어요.
   넓은 테이프를 이용해 붙이면 되구요, 앞뒷면에서 한 번씩
   붙여주면 더 튼튼하답니다.

2. 폼보드지 한 장에 홈을 두 개 파서 걸이 구멍을
   만들고 뒷면 윗쪽에 덧대어 붙였어요.

3. 만들어놓은 틀보다 약간 크게 커버를 만들어 씌웠어요.
   먼지가 앉으면 벗겨내서 세탁을 할 수 있는 장점이 있죠.

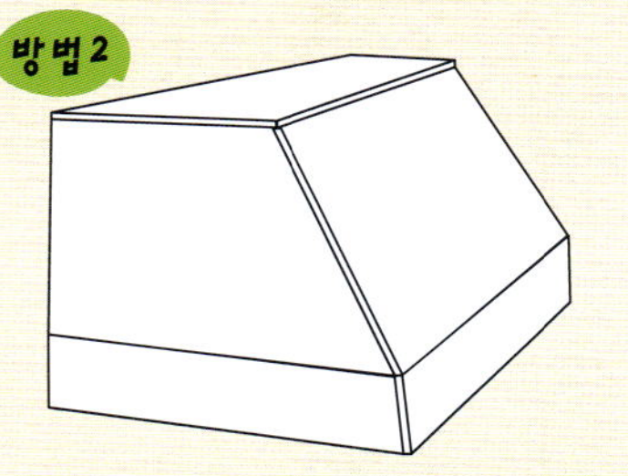

4. 아랫쪽에 틀을 하나 더 만들어, 틀 모양 따라 원단을 그냥 씌워서
   만들어봤어요. 바느질을 따로 할 필요가 없고,
   원단이 접혀지는 부분에 시침핀을 꽂아서 고정했답니다.

범랑 머그잔도 때론 훌륭한
화분이 된답니다.
싫증났거나 이가 빠진 컵에
화분을 담아두면 색다른
분위기가 느껴지죠~

주방과 욕실에서 사용하던
손잡이 달린 양철통에
작은 화분들을 모아서
담았답니다.

나름대로 개성있는

플라스틱 화분에
영자신문을 감싸서
옷을 입혀줬어요.

아이들과 함께 바닷가에서
주워온 조개껍질이
화분으로 변신했네요.
소라껍질에는 흙을 담아서
꽃을 심었구요~
굴껍질에는 풍란을
심어봤어요.

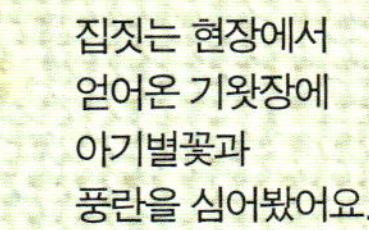

집짓는 현장에서
얻어온 기왓장에
아기별꽃과
풍란을 심어봤어요.

작은 음료수병의 라벨을 벗겨내고
검정색 와이어로 병 주둥이에 고리를
만들어 꽃을 담았어요.

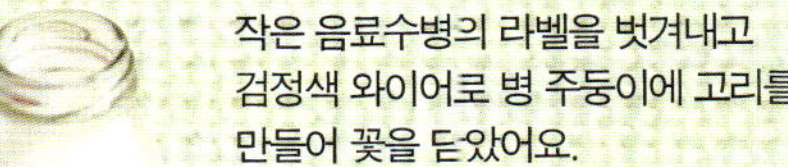

손잡이 바구니에 천으로
커버를 만들어 입히고,
수국화분을 담아봤어요.
물만 주면 쑥쑥 자라는
수국이 너무 예쁘답니다~

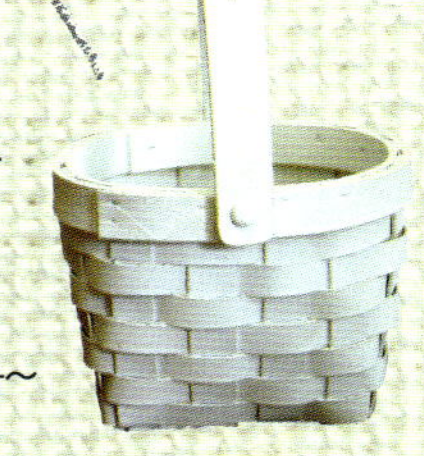

양철통C! 우리집에서는
다양한 변신을 꿈꾸네요.
때론 연필꽂이였다가,
수저통도 됐다가,
이제는 화분으로 또 다시 변신~

나들이 장소 | 아지오 홍대점

front door

현관문을 열자마자 바로 거실이 개방되는 구조인
우리집에서, 현관 입구는 거실의 연장선상에 있습니다.
공간을 따로 활용하기에는 턱없이 좁지만,
신발장의 수납공간을 최대한 활용하고,
책장의 기능까지 겸한 가벽을 세웠어요.
거실을 아늑한 공간으로 구분지어 주기엔 충분하죠.
반갑게 손님을 맞이하고, 한결같이 가족을 반겨주는
현관문에 따뜻한 원목으로 옷을 입혀봤어요.

자연미에 실용성을 함께 살린 현관

집을 꾸밀 때 처음에는 넓은 면적을 차지하는 큰 부분에만 신경을 쓰다가 그게

어느 정도 만족의 위치에 오르면, 나중에는 세세한 것의 분위기까지 통일시켜주고 싶은

욕심이 생기는 것 같아요. 우리집처럼 하나 둘 짬짬이 꾸미는 집일 경우는

그런 요소요소를 찾아내는 재미 또한 쏠쏠하더군요^^

그냥 버려지기 쉬운 현관에도 우리집과 어울리는 모습을 만들어 주고 싶었습니다.

본래 있던 신발장의 모습은 이랬답니다. 아니, 본래 모습이라기 보다는 제가 흰색 시트지를 붙여서 한 번 리폼한 상태의 신발장이죠. 이 신발장은 그대로 뜯어서 현관 밖에 내다두고 페인트 도구들 수납하는 수납장으로 사용하고 있답니다.

남편이 한달 정도 목공방에 다닌 적이 있었는데,
그때 작업했던 몇 가지 작업물 중 하나가 바로
푸른빛이 도는 원목 신발장이었답니다.
제가 남편에게 만들어줬으면 좋겠다고 주문한 품목 중 하나였죠.
옷장이나 그릇장보다 저는 신발장에 더 욕심이 생기더라구요.
우리집에 들어섰을 때 첫 이미지가 되기도 하구요,
어찌보면 소홀하기 쉬운 부분이기도 하지만, 남들과는 다른
독특한 신발장을 갖고 싶었거든요.
뭐든 독특한 거… 개성있는 게 오랫동안 두고봐도
싫증나지 않는 비결인 것 같아요.
미송원목으로 만들었는데요~
집에 들여놓고도 꽤 오랫동안 소나무향이 솔솔~ 나더라구요.
예전엔 신발 냄새가 솔솔~ 났었는데 말이죠.

철문에서 나무문으로, 현관문 리폼하기!

원목의 느낌이 좋아서 신발장과 현관 앞 가벽 책장을 원목으로 만들고 나니,
중간에 떠억~ 버티고 있는 현관 철문이 자꾸 눈에 거슬리는 거였어요.
아파트 현관문이 다 그런 거라고 그냥 넘겨버리기엔
한번 눈밖에 난 녀석이 예뻐 보일리 없고,
그렇다고 두고두고 미워하기에는 현관문이 너무 불쌍하기도 해서,
리폼을 강행하기로 했답니다.

before

after

나무질감이 있는 시트지를 붙여서도 충분히
깔끔하고 포근한 느낌을 줄 수는 있겠지만,
찬바람과 따뜻한 실내기온이 교차하는 지점에서
시트지가 오래 버텨내기 힘들지도 모른다는
생각에 얇은 합판을 붙여보기로 결심했죠.
옹이가 예쁘게 살아있는 미송합판 중에서
최대한 얇은 걸로 골라서 원하는 스타일대로
재단을 했답니다.
구입하실 때 목재소에서 재단을 해오시면
작업시간이 훨씬 줄어드실 거예요~
전체를 통으로 붙이는 것보다 조각내서 붙이면,
합판 무게를 버텨내는 거나 작업할 때도
수월하구요, 스타일도 훨씬 더 정감있답니다.

미송합판 원판 1장, 글루건, 목공본드, 클램프,
핸디코트, 사포, 커터칼, 임시고정용 박스테이프

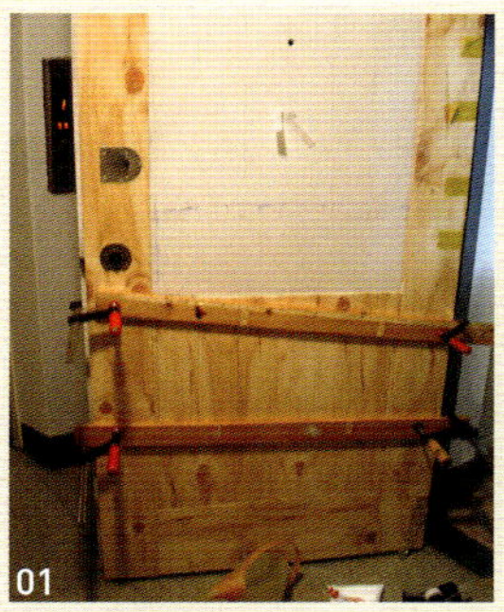

01

사진상으로는 잘 안 보이시겠지만, 4B연필로 현관문에 원하는 모양대로 스케치를 해놓고 그 위에 잘라온 합판을 붙이면 편리하답니다. 손잡이 철물은 미리 뜯어서 작업했구요. 부품이 끼워질 부분은 합판으로 인한 두께감이 생기지 않게, 커터칼로 모양대로 도려냈어요.

02

이렇게 가장자리부터 문 사이즈에 딱 맞게 붙이면 가운데 조각들 맞추기가 더 좋겠죠? 글루건과 본드를 적절히 사용해서 붙였답니다. 최대한 고루 문질러서 중간에 들뜨는 일이 없도록 작업해야 합니다.

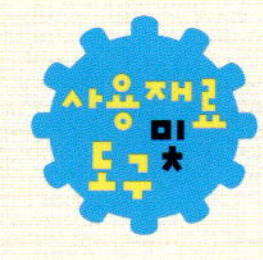

03

저 문에 꽂아놓은 집게같은 게 뭔지 궁금하시죠? '클램프' 라는 건데요, 저게 있어야 합판에 칠한 본드가 철문에 딱~ 달라붙어서 나중에 들뜨는 일이 없답니다. 중간에 저렇게 보조목을 대고 클램프를 조여주면, 철물이 닿고 힘도 전체적으로 받아서 효과적이겠죠?

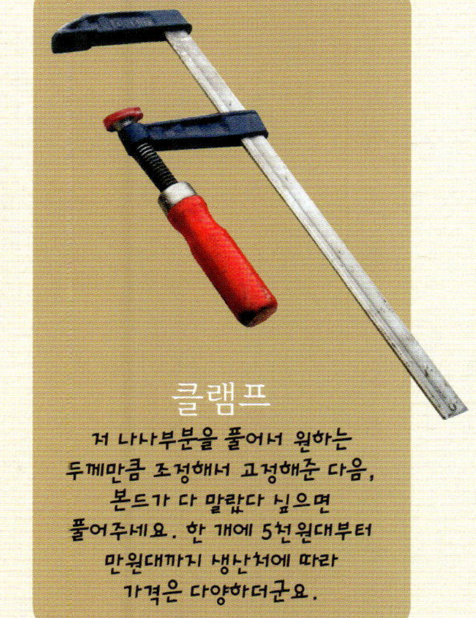

클램프

저 나사부분을 풀어서 원하는 두께만큼 조정해서 고정해준 다음, 본드가 다 말랐다 싶으면 풀어주세요. 한 개에 5천 원대부터 만원대까지 생산처에 따라 가격은 다양하더군요.

04

전체적으로 틈을 핸디코트로 메꿔놓은 상태랍니다. 아주 정교하게 바를 필요는 없구요. 빈 틈만 없이 메꿔넣은 다음에, 핸디코트가 굳은 후 사포로 고루 문질러주면 된답니다.

05

일정한 틈을 두고 합판을 붙였었구요~ 그 틈에 핸디코트를 바르고 있는 겁니다. 이왕 조각내서 합판을 붙였기 때문에 그 조각조각의 경계선이 확실한 게 예쁠 것 같아서요.

맨발로 딛어도 포근한 현관발판 만들기

나무를 재활용하면 타일을 구입하는 비용도 들지 않아서 좋구요~
의외로 때도 잘 타지 않고, 포근한 느낌까지 준답니다.
가늘고 길게 조각을 내서, 좁은 공간이 오히려 넓어보인답니다.

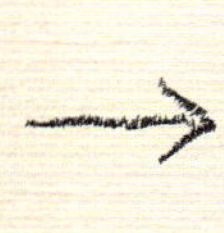

집 근처에 자잘한 공장들이 있어서 그곳에서 주로 얻어오는 것들이죠. 이 팔레트를 몇 번씩 재활용하는 공장들도 있지만, 대부분이 일회용으로 사용하고 있어서, 가져가겠다고 하면 오히려 반기는 곳들도 있습니다. 못을 일일이 뽑아내는 것도 힘들지만, 표면을 매끈하게 다듬는 시간도 꽤 많이 걸리기 때문에 이 팔레트의 거친 느낌을 거의 다듬지 않고 이용할 수 있는 곳에 사용하는 것이 좋답니다. 현관 앞 면적이 이 팔레트로 사용하기에는 좀 길어서 여러 조각으로 나누는 문제 때문에 고민하다가 더 좋은 재료를 발견했답니다.^^

이건 또 뭘까요? 냉장고를 운반할 때 냉장고 사방을 둘러주는 가드역할의 나무랍니다. 이것 또한 한 번 사용하고 버리는 거라서 말만 잘하면 계속 조달(?)받을 수 있는 재료가 되는 것이지요.

못을 빼내고 거친 부분만 잘 다듬어서 긴 나무 토막 부분으로 발판을 만든 거죠.

아무래도 신발을 신고 내딛을 곳이기 때문에 색이 밝으면 감당이 힘들 것 같아서 진한 색을 칠해보기로 했죠.
옆에 있는 신발장의 블루계통과 현관문과 책장가벽의 밝은 갈색과도 조화를 이루도록 아크릴 물감으로 조색을 했답니다.

초코색과 청회색을 적절히 섞어서 푸른빛이 약간 도는 진초코색을 만들려구요.

어린 아이들이 있는 집에 시도해보면 좋을 만한 아이템인 건 같아요.
마룬바닥과 현관타일바닥의 깊이 차이가 줄어들기 때문에
아이들이 장난감 자동차나 자전거 등을 굴리기에도 좋구요~
어린 아이들이 맨발로 돌아다녀도 안심이 되거든요.
나무틈 사이로 쏙쏙 빠져 들어간 자잘한 먼지는,
발판을 들고 한번씩 청소해주면 되구요~
벨소리 듣고 반갑게 뛰어나갈 때도 맨발로도 부담없이 나뿐 나뿐~^^
전혀 차갑지가 않답니다.

늘 그렇듯이 실제 작업을 하다보면, 머릿속에 상상했던 느낌과는 좀 다른 결과가 나오기도 한답니다. 푸른 기운이 너무 강해서 바닥만 둥둥~ 떠 있는 느낌이라고나 할까… 그래서 초코색을 더 섞어서 또 한 번 덧칠해줬답니다.

한 번 칠하는 것보다, 두 번 칠하면 좀더 진한 칼라가 되는 것은 당연하구요~ 묵직한 느낌 때문에 살짝 내비치는 푸른빛이 오히려 고상하고 독특한 느낌이 되었답니다.

인테리어 관련 유용한 사이트 총정리

까사미아 ● www.casamia.co.kr
나무의자 ● treechair.co.kr(패브릭 전문)
데미스타일 ● www.demistyle.com
데이데코 ● www.daydeco.com
데코다이브 ● decodive.co.kr
데코토닉 ● www.decotonik.com
두산오토 ● www.otto.co.kr
디자인 가기 ● www.gagibang.co.kr
디자인앤 ● www.designann.com
디자인얀 ● www.oyan.co.kr
라렌데코 ● www.larendeco.com
랑이랑 ● www.rangerang.co.kr(수입벽지 및 원단)
로즈앤핑크 ● www.rosenpink.com
로지코튼 ● www.rosie-cotton.com
리안 ● www.reean.com(수입인테리어소품)
마리스룸 ● www.marisroom.co.kr(수입인테리어소품)
머쉬룸 ● www.mushroomdeco.co.kr
모린홈 ● www.morinhome.com
밀크티 ● www.milktea.co.kr(수입인테리어소품)
미세스 댈러웨이 ● www.mrsdalloway.co.kr(패브릭 전문)
바닐라스푼 ● www.vanillaspoon.com
바바이케아 ● babaa.co.kr(이케아 제품)
바인홈 ● vinehome.co.kr
브라운박스 ● www.brownbox.co.kr(이케아 제품)
삐삐룸 ● www.pproom.co.kr

원룸데코　www.oneroomdeco.com
인플로라　www.in-flora.co.kr(패브릭 전문)
전망좋은 방　www.room-deco.co.kr
제니데코　www.jennydeco.com(수입인테리어소품)
제니안　www.jenian.co.kr(패브릭 전문)
제이홈스　www.jhomes.co.kr
졸리메종　www.joliemaison.co.kr(수입인테리어소품)
참　www.cha-m.com
코즈니　www.kosney.co.kr
프롬데코　www.fromdeco.com
포룸　forroom.com
포홈　www.forhome.co.kr
폴라리스　polariss.co.kr(패브릭 전문)
풍경　www.pksopum.com
프로방스　www.provence.co.kr
핑크핑크　pinkdeco.co.kr
트위니　www.twiny.co.kr
하트풀스타일　heartfulstyle.com
화이트린넨　www.whitelinen.co.kr
홈스케치　www.home-sketch.com
홈스데코　homesdeco.co.kr
홈앤데코　www.homendeco.com

샐리가든　www.sallygarden.co.kr
소품채널　www.sopumchannel.com
소품채널　www.sofum.co.kr
수수소품　www.sususopum.co.kr(라탄바구니)
쉬크홈　www.chichome.co.kr
슈가로즈　www.sugarrose.co.kr
슈가홈　sugarhome.com
쉘리핑크　www.shellypink.co.kr
썬마트　www.sunmart.co.kr(홈미싱 전문몰)
씨씨브랜드　www.ccbrand.co.kr
아르데코홈콜렉션　www.artdecomall.com
아름다운 올가　www.thebeautifulallga.co.kr(패브릭 전문)
아이디어데코　www.ideadeco.com(수입인테리어소품)
안나홈　annahome.co.kr
앤데코　anndeco.com
앤틱하우스　www.antichouse.co.kr
앤볼린　www.1001anne.co.kr
앤스홈　www.annshome.co.kr
앨리스룸　www.aliceroom.co.kr
오브제　www.obze.com(이케아 제품)
올리브데코　www.olivedeco.com
위드홈　withbedding.com(패브릭 전문)

더싸다 www.thessada.com
데코랜드 www.decoland.co.kr(원단 및 맞춤제작)
레이스나라 www.lacenara.co.kr
보따리닷컴 boddary.com
소잉박스 www.sewingbox.net(원단 및 맞춤)
싸다천 ssada1000.com
썬퀼트 www.sunquilt.com
안나패브릭 www.annafabric.com
이불 www.ebul.co.kr(원단 및 침구)
천공구 www.1000-09.com
천나라 1000nara.com
천랜드 www.chunland.co.kr
천마트 www.chunmart.co.kr
천싸요 www.1004yo.com
천하우스 1000-house.co.kr
패브릭홈 www.fabrichome.com
패션스타트 fashionstart.net
한올데코 www.hanoldeco.co.kr(고급원단 및 쇼파리폼)
해피천 happy1000.co.kr
헬로우천 www.hello1000.com
화이트패브릭 www.whitefabric.com

굿씽크 www.good-think.co.kr(시트지 전문)
나나방 www.nanabang.com(아이방 벽지전문, 수입벽지)
THE DIY thediy.co.kr
마미드림하우스 www.mydreamhouse.co.kr(몰딩 등 DIY용품)
문고리닷컴 www.moongori.com(손잡이및 철물)
비비통 www.bbtong.com(수입벽지)
삼화홈데코 www.djpi.co.kr(페인트및 DIY용품)
손잡이닷컴 www.sonjabee.com
아름나라 www.arumnara.net(페인트및 DIY용품)
아리랑데코 www.arirangdeco.com(시트지 및 바닥재)
철사공작소 wireart.cafe24.com(와이어공예)
인컴코리아 www.incomkorea.com(시트지, 띠벽지)
제일흑판 www.jaeilboard.co.kr
강경숙의 로맨틱 칠판 romantic-board.com
민하우스 www.minhouse.com
철천지 www.77g.com(철물 및 DIY용품, 목재)
쿨칼라 www.coolcolor.co.kr(페인트 DIY)
타일이야기 www.tilestory.com(DIY용 타일 취급)
하우스 플러스 www.houseplus.co.kr
해동 CNC www.hdcnc.co.kr(페인트 및 DIY용품)

인테리어 관련
유용한 사이트 총망라

가구공방 및 DIY가구, 소가구

내가 꾸민집   www.decohome.net
내가 디자인하고 내가 만드는 가구   www.diy-sdem.co.kr
데코룸   www.decoroom.co.kr
뚝딱DIY   www.diyself.co.kr
리빙트리   www.livingtree.co.kr
문인방   isoma.co.kr
반쪽이 공방   www.banzzogi.net
사탕공방   www.candytree.co.kr
요술나무   www.yosulnamu.com
쟁이   www.zaengyi.co.kr
정크가구   www.junkgagu.co.kr
코디세븐   www.codi7.com
필웰   feelwell.co.kr

인테리어 정보 및 커뮤니티 사이트

루나홈넷   lunahome.net
까사   www.casa.co.kr
팟찌닷컴   www.patzzi.com
프로방스 집꾸미기 카페   cafe.daum.net/decorplaza

인테리어 시공 및 정보

B&Q코리아   www.bnqhome.co.kr
리빙디자인네트   www.livingdesign.net
미하우스   www.mehouse.co.kr
인테리어 LG   www.interiorlg.com
하우징 24   www.housing24.com
홈투데이   www.hometoday.co.kr

정원용품

쉐르보네   www.cherbonheur.com
가든데크   www.gardendeck.co.kr

컨트리 소품 및 캐릭터 제품

마리컨츄리   www.maricountry.com
마이웰리스   www.myweles.com
메론박스   www.melonbox.co.kr
앤클럽   annclub.com
와우웰리스   www.wowweles.co.kr
웰리스나라   www.welesnara.co.kr
웰리스카페   www.welescafe.com
프리티룸   www.prettyroom.co.kr

해외 인테리어 사이트

로라애쉴리   www.laura-ashley.com
마샤스튜어트   www.marthastewart.com
쉐비쉭   www.notooshabby.com
포트리반   ww2.potterybarn.com
포트리반 키즈   ww2.potterybarnkids.com

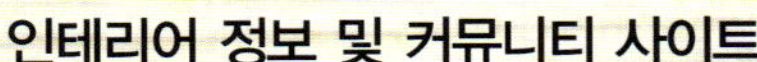

헤나네 집에 100만 명이 다녀간 까닭은?

초판 1쇄 2006년 7월 1일
초판 10쇄 2010년 5월 10일

지은이 김혜나
발행인 김태웅
기획·편집 조정금
디자인 mopum
마케팅 권혁주, 나재승, 정상석, 서재욱, 장영임, 박종원, 정윤성, 김지원
제 작 현대순

발행처 동양문고 · 상상공방
주 소 서울시 마포구 서교동 463-16호 (121-841)
전 화 02-337-1737
팩 스 02-334-6624
웹사이트 www.dongyangbooks.com
등록일자 1993년 4월 3일 제 10-806호